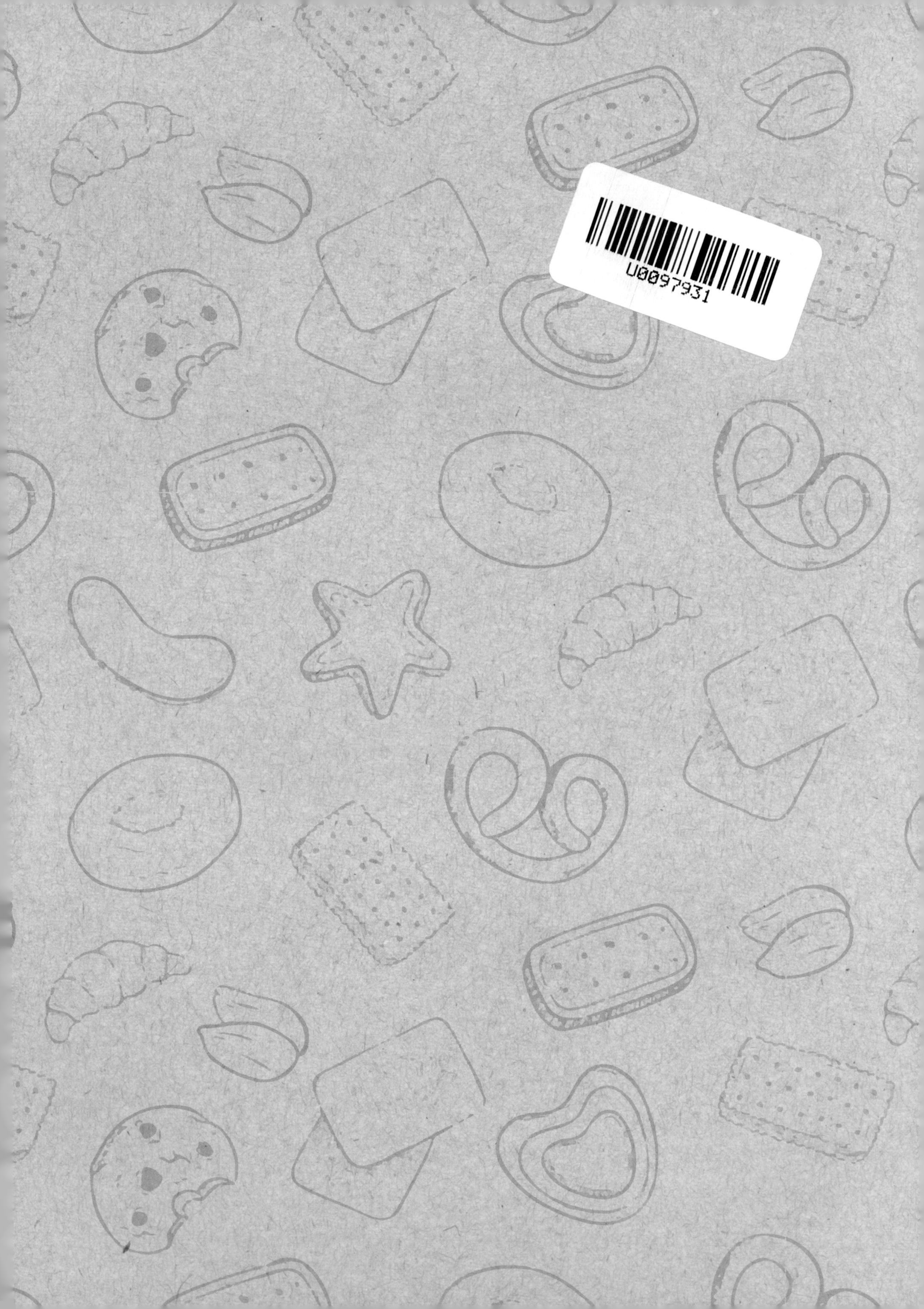
U0097931

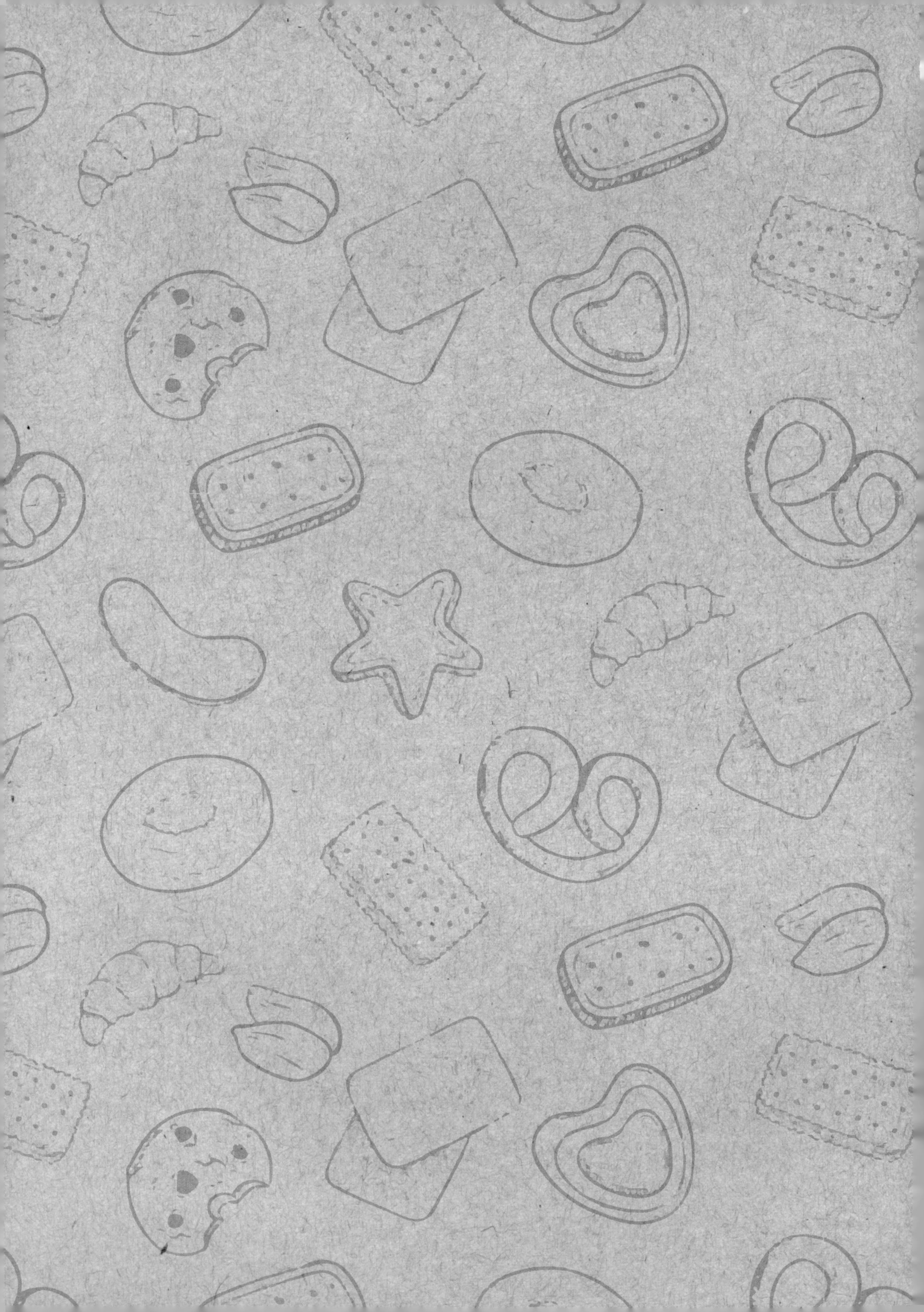

餅乾小禮盒

Cookie Perfection

10類經典餅乾×57種甜蜜滋味×禮盒包裝示範

餅乾小禮盒

Cookie Perfection

10類經典餅乾×57種甜蜜滋味×禮盒包裝示範

作　　者　宋淑娟（Jane）
編　　輯　藍匀廷、洪瑋其、徐詩淵
校　　對　洪瑋其、藍匀廷、宋淑娟（Jane）
美術設計　劉庭安

發 行 人　程安琪
總 策 劃　程顯灝
總 編 輯　呂增娣
主　　編　徐詩淵
編　　輯　吳雅芳、簡語謙
美術主編　劉錦堂
美術編輯　吳靖玟、劉庭安
行銷總監　呂增慧
資深行銷　吳孟蓉
行銷企劃　羅詠馨

發 行 部　侯莉莉
財 務 部　許麗娟、陳美齡
印　　務　許丁財
出 版 者　橘子文化事業有限公司

總 代 理　三友圖書有限公司
地　　址　106 台北市安和路 2 段 213 號 4 樓
電　　話　(02) 2377-4155
傳　　真　(02) 2377-4355
E-mail　service@sanyau.com.tw
郵政劃撥　05844889 三友圖書有限公司

總 經 銷　大和書報圖書股份有限公司
地　　址　新北市新莊區五工五路 2 號
電　　話　(02) 8990-2588
傳　　真　(02) 2299-7900

製版印刷　卡樂彩色製版印刷有限公司

初　　版　2020 年 05 月
定　　價　新台幣 380 元
ISBN　978-986-364-164-3（平裝）

國家圖書館出版品預行編目(CIP)資料

餅乾小禮盒：10類經典餅乾X 57種甜蜜滋味X 禮盒包裝示範 / 宋淑娟（Jane）著. -- 初版. -- 臺北市：橘子文化, 2020.05
面；　公分
ISBN 978-986-364-164-3(平裝)

1.點心食譜
427.16　　109005438

作者序

廚房裏飄著從烤箱中散發出的陣陣香味總是最令人屏息的時刻，這個當下心情最美麗。從自己的家人出發到身邊的閨密、陳年同事們以及多年同窗好友們的聚會，手作甜點絕對是必備伴手禮，看著一張張驚喜的笑容，原來都是因為配方中有著「愛」的魔法元素。

奶油、糖鹽、雞蛋和麵粉在我們日常生活中如此唾手可得的材料，不同的巧思可以變化組合多樣化的創意甜點。喜歡在廚房裏利用簡單的材料玩耍著這些變化，製作出鬆發、緊實、酥脆、酥鬆的甜點口感。最佳試吃員是擔任廚房主任的先生及兒子，從一開始千篇一律的「綿密」到廚房主任 2.0 的進化版，「脆口」、「鬆化」、「不甜膩」、「大小適中」的心得分享。家中喜歡吃甜食的獅子座女孩向來是最佳創意激勵員，除了開心品嘗成品之外更不忘鞭策要有新口味、新作品產生。由於喜愛烘焙得到意想不到的家庭互動，十分珍惜這樣的幸福感。

記錄「Jane 的歡樂廚房」部落格多年，回想當初希望將手作烘焙的步驟，透過網路部落格分享給喜歡烘焙和料理的朋友們，一起玩樂廚房。日積月累之後，得到無數因為跟著部落格文章試作之後獲得親朋好友大力讚賞的網友們的反饋，無價的成就感深植心中。

感謝橘子文化的邀請，規劃彙整部落格裏最佳人氣、最受親友青睞的篇幅，完成一本實用的甜點書。書中有變化多端的奶油酥餅，帶著驚喜的小禮物；超人氣餅乾，一秒收服人心的曲奇餅乾；好做又好吃百搭禮物的美式餅乾和冰箱餅乾；經典甜品最佳伴手禮的莎布蕾、布列塔尼、蛋白餅多款歐陸風味餅乾；異國風情，一口吃到全世界的多款雪球、麵香比斯烤提、東方米餅。相信是所有喜好烘焙的朋友們在為自己或親友們烘焙時最佳的工具書。

出版是另外一個專業的領域，感恩這次出版書籍的機會認識所有橘子文化團隊的工作同仁。從編輯、美編到行銷團隊，每個環節的緊密配合，嚴謹的工作態度，能夠參與其中備感榮幸。

最後將本書獻給我最敬愛的父母及最摯愛的家人。

宋淑娟（Jane）

目錄 *Contenes*

Chapter 01 奶油酥餅

Chapter 02 曲奇餅乾

Chapter 03 美式餅乾×冰箱餅乾

Chapter 04

莎布蕾×布列塔尼酥餅×蛋白餅

雪球×比斯烤提×米餅

Are You Ready ?

製作餅乾、甜點前的密技集合

開始動手之前

「工欲善其事，必先利其器」，
在展開這趟甜點之旅前，
就讓我們來好好認識，
要做出美味可口的甜點，究竟需要什麼配方吧！

不能少的必備材料

低筋麵粉

製作餅乾和蛋糕的主要用粉，容易吸收空氣中的濕氣而結顆粒，使用前必須過篩。

中筋麵粉

適合做包子、饅頭、黑糖糕、甜甜圈等食物。做餅乾也不成問題，許多美式餅乾常用中筋麵粉製作。

無鋁泡打粉

泡打粉是一種複合膨鬆劑，又稱為發泡粉和發酵粉，主要用作為烘焙產品的快速疏鬆劑，通常用於烘烤蛋糕、餅乾。

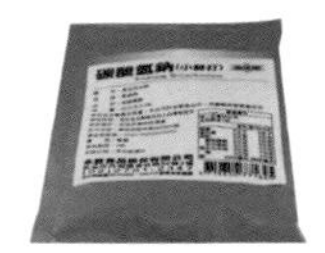

小蘇打粉

碳酸氫鈉，俗稱小蘇打，就是普通食用鹼，和酸反應能生成氣泡支撐體積。最常見的小蘇打實際用途是作為烘烤膨鬆劑，使餅乾酥脆。不可過量否則會有鹼味。

細砂糖

又稱白砂糖，是食用糖中最主要的品種，也是烘焙產品中最常使用的糖。

三溫糖

以甘蔗為原料，為生產白砂糖時的副產品，也是市場上主要的紅糖產品。主要成分是蔗糖。在烘焙產品中使用，可以增加風味香氣。

糖粉

分為一般糖粉和純糖粉。一般糖粉為潔白的粉末狀，含少量的玉米澱粉防止糖糾結。純糖粉必須以篩網過篩後使用。

紅糖

紅糖的原料是甘蔗，含有95%左右的蔗糖。餅乾配方中以紅糖取代部分細砂糖，可增加不同的餅乾風味及口感。

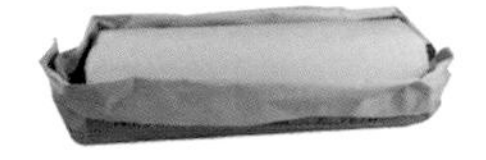

無鹽發酵奶油

由牛奶提煉而成的天然油脂，製作西點時多使用無鹽奶油為主。發酵奶油則多了乳酸香味。融點低，需冷藏保存。

調味類

奶粉

書中使用的為全脂奶粉，經常使用在餅乾或麵包產品，增加香味以提升口感。

玉米澱粉

又叫玉米粉，是從玉米粒中提煉出的澱粉。具有凝膠的特性，除了用在布丁、卡士達醬製作外，餅乾麵團中添加可改善組織口感酥鬆綿細。

鹽

本書中多使用玫瑰鹽，烘焙點心中添加少許鹽可以綜合甜度，讓甜點吃起來不死甜。

無糖可可粉

內含可可脂，不含糖帶有苦味，使用於甜點中的調味。使用前必須先過篩。

抹茶粉

本書採用多為日系抹茶粉。抹茶粉含兒茶素為受歡迎的健康食材，添加在甜點中，增加色澤及風味。

杏仁粉

杏仁粉是一種富含蛋白質的粉類，通常用於無麩質烘焙或飲品中使用。

椰子粉

可分為有糖及無糖椰子粉，本書多使用無糖椰子粉，在烘焙餅乾產品中添加香氣及口感風味。

耐烤巧克力豆

又稱水滴巧克力豆，成水滴型，耐高溫烘烤後不易融化。

白巧克力

白巧克力含可可脂 30% 以上，乳製品及糖分含量較高。用於餅乾中增加風味及奶香氣。

核桃

烘焙產品經常使用的堅果。 先行烘烤 10 ～ 15 分鐘再添加於麵糊、麵團中香氣更足。

榛果

榛果中含有大量的蛋白質、脂肪、碳水化合物和維生素，具有很高的營養價值。

胡桃

又稱山核桃，含有多種礦物質及多種維生素，口感跟核桃相比較為酥脆。

杏仁角

作用與杏仁粉相同，但形狀以顆粒狀呈現，讓烘焙產品帶有不同的口感。適合作為餅乾麵團內使用之外，更適合餅乾外觀裝飾。

杏仁片

作用與杏仁粉相同，但形狀以片狀呈現，讓烘焙產品帶有不同的口感。適合作為切片餅乾麵團使用。

杏仁豆

甜點點心中常使用的堅果食材，含豐富油脂。

其他

夏威夷豆

又名「昆士蘭果」、「澳洲胡桃」，油脂豐厚好吃，餅乾麵團中添加夏威夷豆可以增加口感風味。

糖蜜

又稱黑糖蜜，濃稠的黑色糖漿。常用於味道濃郁的餅乾或蛋糕的製作。

香草豆莢醬

以天然香草材料製成，具有天然的香草香味。烘焙後香草味依然持久濃醇。

蔓越莓乾

天然製成果乾，加入餅乾製作增加風味及口感。

糖漬桔皮

天然果皮製成，加入餅乾製作增加風味及口感。

一定要有的製作工具

電子秤

數字顯示重量，以 1 公克或小數點下 2 位數為單位。容器放上或已秤食材可歸零，繼續秤量，方便精確。

電動攪拌器

手持型攪拌器，打發奶蛋糊、蛋糊速度較快。

料理機

使用料理機，可以操作粉油拌合法的餅乾麵團。利用料理機按壓暫停的功能可輕鬆完成麵團操作。

計時器

烘焙利器，協助計算提醒烘烤時間。

打蛋盆

圓弧型底的攪拌容器方便操作及食材拌合。不鏽鋼及玻璃材質皆可。

打蛋器

不鏽鋼材質，用來打發奶油糊或濕性材料的拌合。

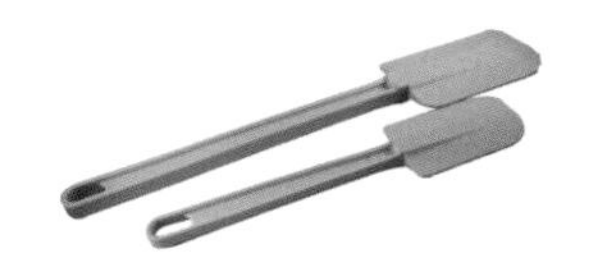

橡皮刮刀

分耐熱或一般材質，協助材料拌合。

橡皮刮板

協助材料拌合刮缸，十分方便。

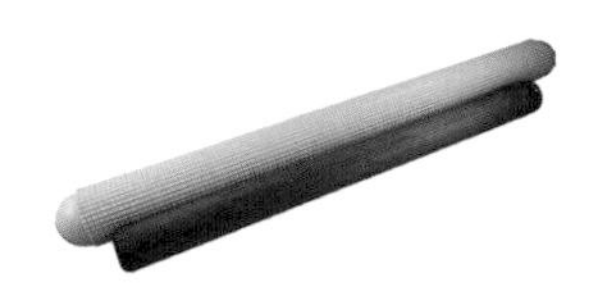

擀麵棍

分一般及排氣擀麵棍，多於壓模型餅乾麵團整形時使用。

篩網

粉類如低筋麵粉或純糖粉需要過篩時使用。

刨刀

檸檬皮或柳橙皮屑刨磨時使用。

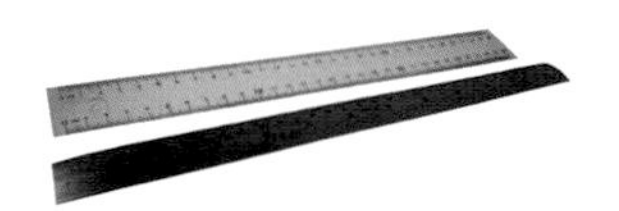

工具尺

輔助麵團成型、厚度一致使用。

量匙

配方中需要使用較少食材重量時使用。

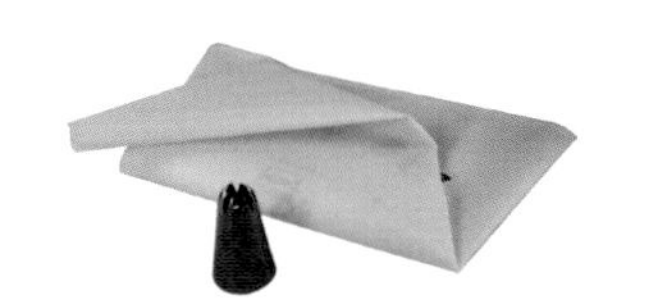

擠花嘴、擠花袋

方便擠花餅乾麵團擠製，分別有可重複使用及一次性使用的擠花袋。
擠花嘴型式眾多可根據個人喜好使用，本書中多以6～8齒星形花嘴為主。

烘焙紙

用於鋪放在烤盤上或烤模內，防止成品沾黏且容易脫模。

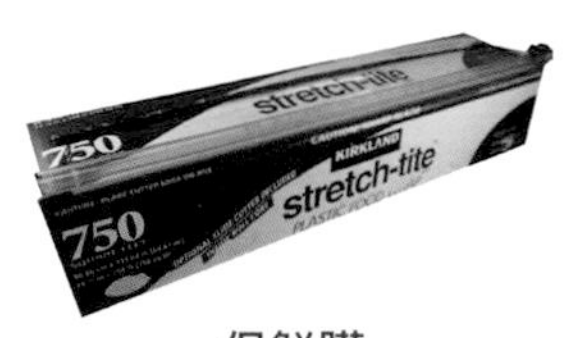

保鮮膜

包覆麵團使用，防止需鬆弛的麵團風乾。

認識餅乾的種類

根據不同的配方比例，餅乾在製作過程中所有材料拌合成團後產生不同的性質。經過烘烤進而成就不同的風味和口感。

麵團類餅乾

在材料拌合成團後較易感到乾硬，方便塑形像是冰箱切片餅乾，口感較為酥脆。餅乾麵團依據餅乾口感質地不同，操作方式也略有差異。

粉油拌合法：乾性材料先放，濕性材料後放的操作方式，乾性材料中的麵粉、膨鬆劑（泡打粉、小蘇打粉）、糖粉先混合後再加入奶油搓散成米粒狀。之後再加入濕性材料，如：蛋液或是鮮奶油之類。例如：櫻花玫瑰草莓夾心酥餅、蘭姆蔓越莓夾心餅乾。

糖油拌合法：濕性材料先放，乾性材料後放的操作方式，室溫下軟化的奶油，加入砂糖打軟後再分次加入蛋液和其他濕性材料，最後拌入乾性材料混合成團。書中大部分配方以糖油拌合法操作。

麵糊類餅乾

由於濕性材料比例較高，多半呈現較軟質的狀態。像是擠花類及蛋白餅系列餅乾。

餅乾製作重點提醒

製作前：開始之前先知道

秤量確實

製作西點餅乾必須先行將需要的食材以電子秤秤量確實。正確的食材量秤，才能有完美的烘焙產品。

食材溫度

製作西點餅乾時的奶油必須在室溫下軟化，全蛋或其他液體材料亦然。過冷的材料將會影響打發程度和操作時間。

烤箱

烤箱特性：每 1 台烤箱均有各自特性，大家應要了解烤箱特性及容量大小，烘烤時根據烤箱特色調整烤盤放置烤箱中的位置，注意途中將烤盤在烤箱中轉向幫助受熱上色。

烤箱預熱：為了使製作的產品在同一溫度下進行烘烤，烤箱預熱的動作為必要。同時產品中若有添加膨鬆劑，必須在有熱氣的烤箱中才能發揮作用。通常會在進行烘烤前的 10 ～ 15 分鐘預熱烤箱。

烤箱溫度、烘烤時間：家庭烤箱溫度大約在 165 ～ 180℃ 之間配合不同產品的設計。烘烤時間依照配方指示之外，仍需以家中烤箱特性加以觀察，斟酌時間增減。

製作中：開始做餅乾了

奶油狀態

大部分餅乾製作時奶油的狀態是在室溫下軟化，除非食譜特別強調。軟化意即用手指指腹可輕鬆按壓奶油。

奶油打發程度

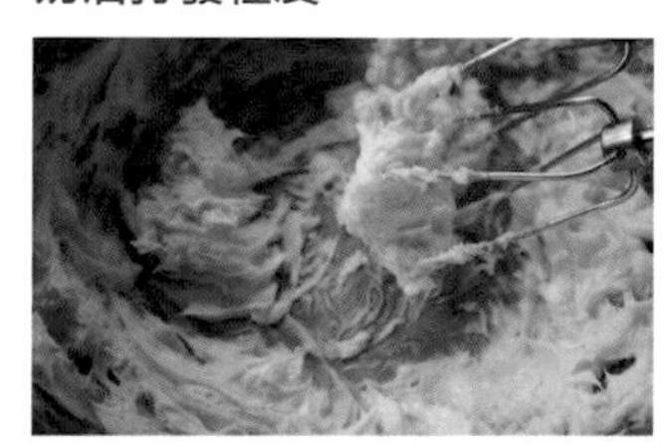

奶油打發程度影響成品口感。奶油攪打時間長則成品酥鬆，反之則成品較為紮實。

奶油糊的變化

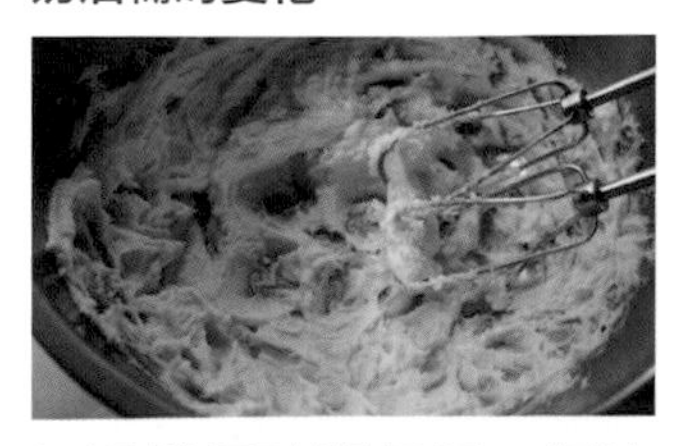

經過攪打時間長短，奶油糊變化可以看的見。攪打時間越長，奶油糊越蓬鬆越鬆發。

材料添加

加入糖鹽

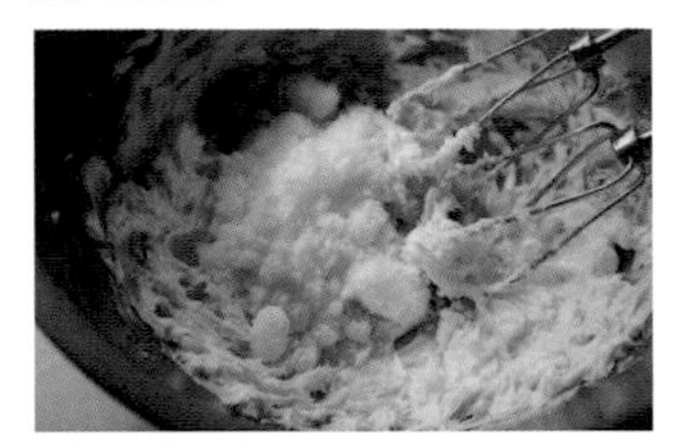

通常以一次性加入糖鹽打發為主，讓糖鹽融合於奶油糊中。

液體材料添加

奶油糊徹底攪打完畢後開始添加液體材料。

蛋液分次添加

液體材料混合入奶油糊時，分次加入攪打可避免油水分離的現象。同時讓奶油蛋糊更加融合。

乾性材料添加

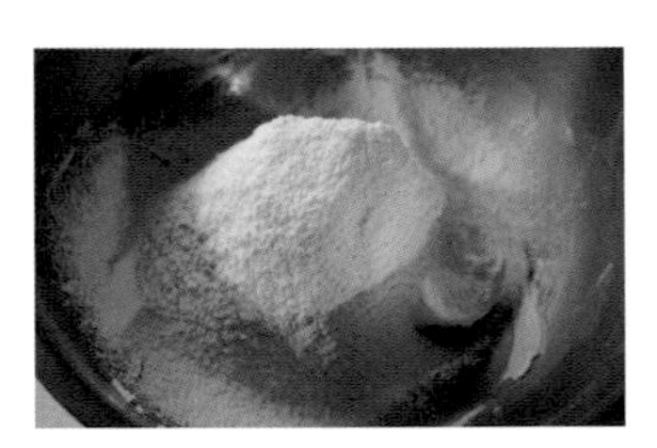

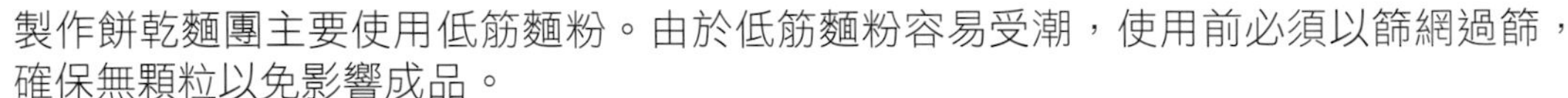

製作餅乾麵團主要使用低筋麵粉。由於低筋麵粉容易受潮，使用前必須以篩網過篩，確保無顆粒以免影響成品。

麵團

食材拌合

餅乾麵團的拌合可以利用刮板、刮刀，以切拌的方式將材料順向拌合成團。避免過多攪拌讓麵團產生筋性，影響成品口感。

成團

不同的餅乾麵團呈現不同狀態。配合食譜配方的設計，有些麵團可立即烘烤，有些麵團則需靜置後烘烤。配合說明確實執行才能得到完美成品。

麵團一致性

為求烘烤產品品質一致性，餅乾麵團的大小重量，形狀外觀以一致性為佳，同一盤入烤箱烘烤時條件相同，出爐的結果相對一致。

其他小提醒

攪拌機（器）

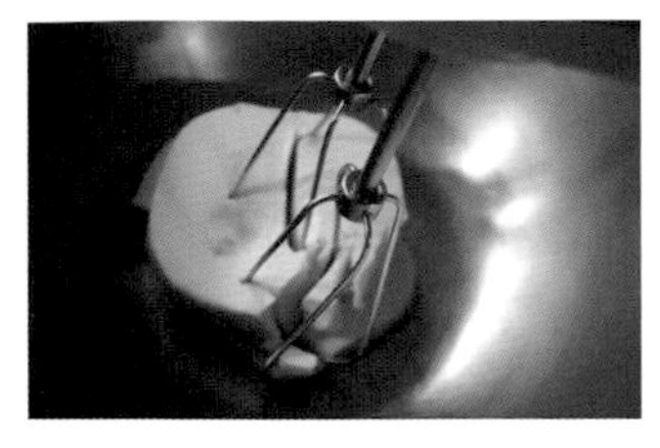

使用手持或電動攪拌機操作皆可。

刮缸

製作餅乾的過程中必須停下腳步將攪拌缸內材料集中，幫助攪打均勻。

食材確實移入攪拌缸

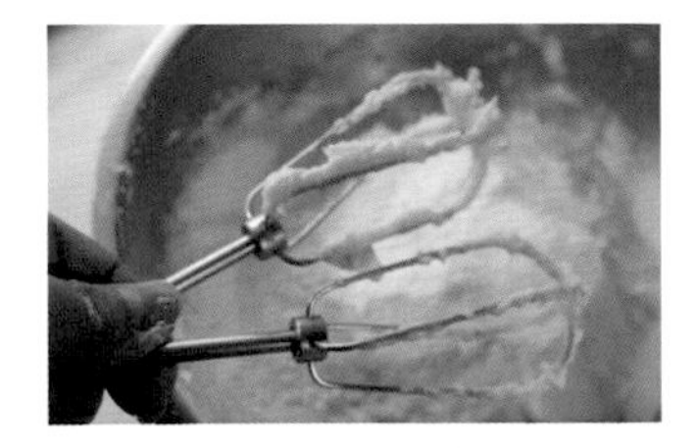

攪拌過程難免有些食材會黏在攪拌器上，盡可能將食材取用，以免造成過多損耗。

烘烤中計時

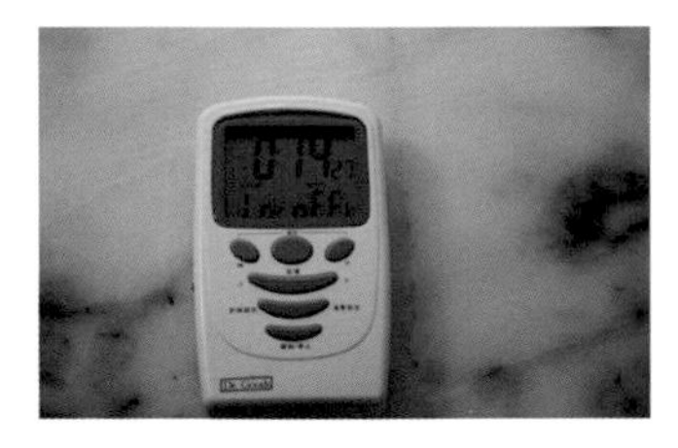

根據不同餅乾產品所需要的烘烤時間不一，在計時器的輔助下可以輕鬆記住所需烘烤時間。

製作完成：準備享用成品

餅乾烘烤判斷

出爐後的餅乾可藉由觀察餅乾上色狀態、正反面烘烤顏色，來判斷餅乾熟成度。如果尚未達到烘烤目標，可再行送回烤箱烘烤片刻。

餅乾出爐

烘烤時間到達餅乾出爐，戴上隔熱手套將烤盤移出烤箱。剛出爐的餅乾很燙很軟，必須等到餅乾全部冷卻後才可密封保存。若回軟，可再以 150℃ 預熱烤箱後回烤數分鐘，即可恢復。

密封保存

冷卻後的餅乾放入密封罐保存，確保餅乾新鮮度。

Chapter 01

Lovely Cookie

變化多端，帶點驚喜的小禮物

奶油酥餅

在好久好久以前，酥餅是難得的甜品，
只有皇室或貴族能夠享用，因為奶油在當時堪稱奢侈品。
現在，想吃就自己做，好不幸福！

傳統蘇格蘭奶油酥餅

令人難以抗拒而且風味極佳，數百年來一直是全年最受歡迎的點心！
遠在12世紀，還是皇室與貴族或在特殊場合才能享用的點心呢！

材料

無鹽發酵奶油……… 130g
純糖粉………………… 60g
鹽………………… 1 小撮
中筋麵粉…………… 130g
蓬萊米粉…………… 60g

麵團類

份量
約 8 吋圓形模 1 個

事前準備

* 奶油於室溫下放至軟化。
* 烘烤前烤箱以 170°C 預熱。

作法

1 已經軟化的奶油以攪拌器用中速攪打。

2-1 加入純糖粉、鹽後，繼續攪打至發白。

2-2 需要打一陣子，大約3～5分鐘，直到奶油顏色改變，變輕變白即可。

3 篩入混合過後的粉類。

4-1 利用橡皮刮刀將材料拌合。

4-2 直到整體呈現沙粒感。

5 在烤盤上鋪上烘焙紙，放好模型圈後，將材料盆裏的材料倒入。

6 用橡皮刮刀將材料在模型內壓實。

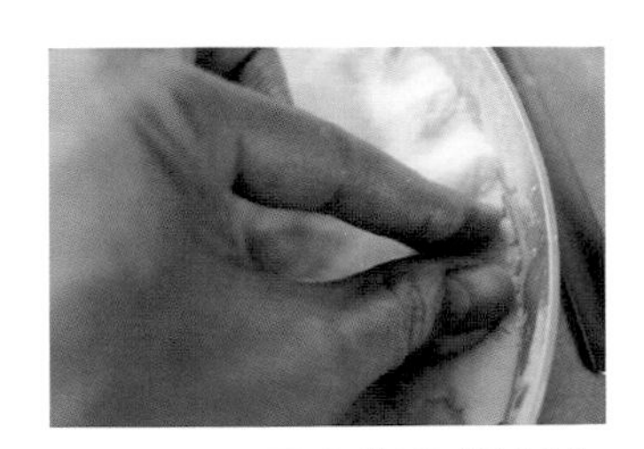

7-1 用食指和姆指在模型圈邊的酥餅麵團上捏出小摺子。

7-2 1整圈都捏好小摺子後，即造型完成。

8 用小尖刀在麵團輕輕地畫上切割線，約8或12等份。

9 完成後利用1個圓形圈在圓心壓出1個空洞，可讓氣流流動並讓餅乾更酥脆。

Tips：壓出來的小圓心可以放在旁邊一起烘烤。

10 利用竹籤沿著圓形圈由內往外，1圈1圈的戳洞。

Tips：戳洞記得要避開作法 8 的割線。

11 完成後放入烤箱以170℃烘烤約30～35分鐘。拿掉模型及圓形圈後再將烤盤放回熄火的烤箱燜約10分鐘。

Tips：中途視家中烤箱特性將烤盤轉向均勻受熱。

12 餅乾出爐後，記得要完全冷卻後才能切片。

貼心叮嚀：烤奶油酥餅的模型，可以是中空的，像慕斯框的模型。

餅乾小教室：奶油酥餅的英文名稱是 shortbread，「short」即酥脆易碎的意思。傳統的奶油酥餅材料和作法都很簡單，重點是一定要用品質好的奶油，讓「奶油酥餅」名副其實。部分米粉的使用是因為無麩質的特性幫助 hold 住形體，又能貢獻酥鬆口感。

起司奶油酥餅

不需要揉麵團，就可以輕輕鬆鬆完成，口感和風味也極好的奶油酥餅，不試試看嗎？

材料

無鹽發酵奶油	100g	起司粉	10g
純糖粉	90g	奶粉	30g
鹽	1g		
全蛋蛋汁	25g		
低筋麵粉	200g		
杏仁粉	25g		

麵團類

份量
約 32 塊

事前準備

* 奶油、全蛋需在室溫下製作。
* 烘烤前烤箱以 170℃ 預熱。

作法

1 軟化後的奶油以攪拌器打軟。

2 加入過篩後的純糖粉、鹽，以慢速轉中速攪打拌勻。

3 全蛋蛋汁加入後，攪打均勻。

Tips：蛋汁不用全用，只需要配方中的用量。

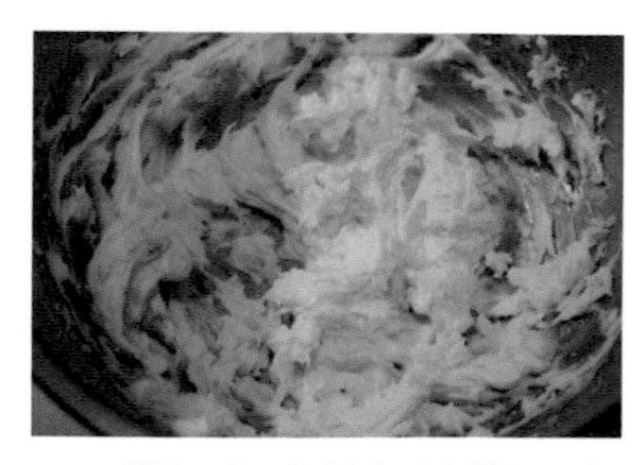

4 攪打完成的奶油糊，有蓬鬆感。

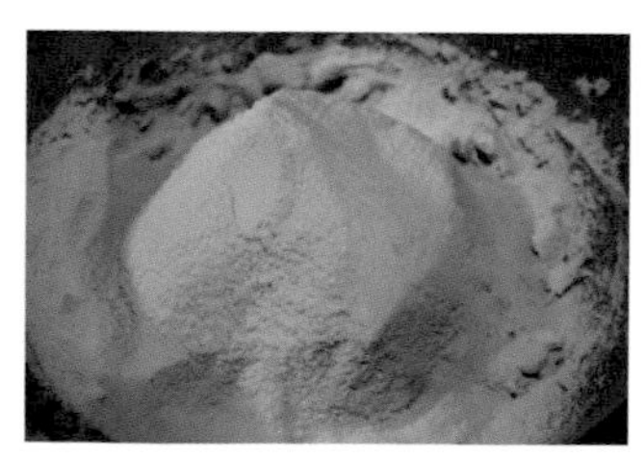

5 篩入低筋麵粉、奶粉、起司粉。

6 杏仁粉也加入。

7 利用橡皮刮板將材料拌合成團。

8 慕斯框先用錫箔紙包覆底部放在烤盤上，再將餅乾麵團鋪在慕斯框中。

Tips：慕斯框為 18×18 公分的正方形。

9 麵團需要略為整平，家中如果有鳳梨酥整形的押擀器，可以利用。

Tips：奶油酥餅帶有些厚度口感較豐富。

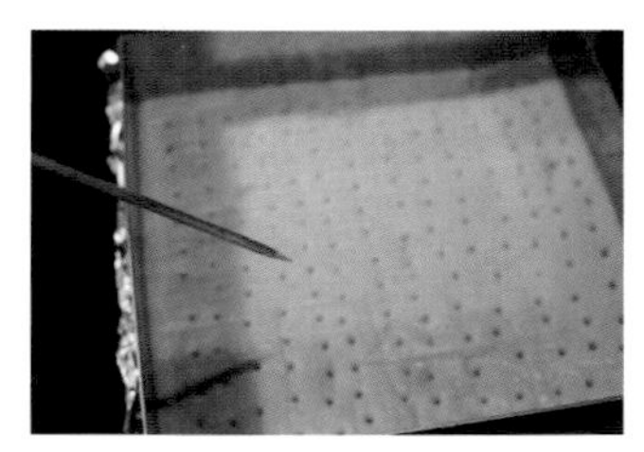

10 完成後利用竹籤在表面每間隔1公分的戳洞，幫助烘烤中氣流流動。

Tips：竹籤戳洞時可戳深一些，以免在烘烤過程中閉合。

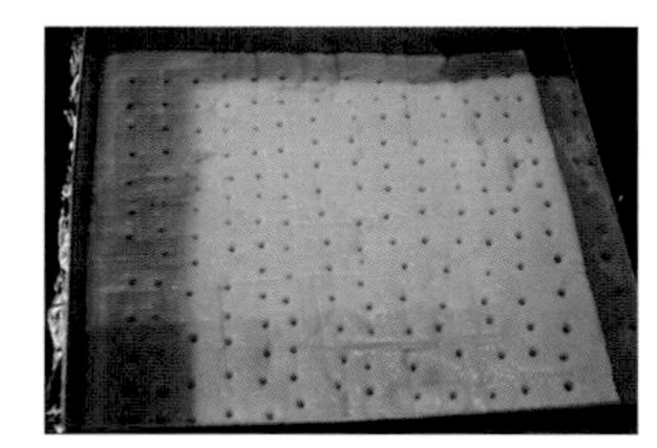

11 完成後送入烤箱以170℃烘烤約30分鐘，熄火後燜約15分鐘。

Tips：中途視家中烤箱特性將烤盤轉向均勻受熱。

12 餅乾出爐後先稍微冷卻一下，再將慕斯框拿起即可脫模。

13 先將餅乾分割縱的4等份，再橫切8等份，這樣就有32塊餅乾。

14 切好後放在層架上冷卻。

貼心叮嚀：起司粉若選用帕瑪森起司粉，香氣會較濃郁，並可依據個人喜好調整與奶粉間的份量。

檸檬薰衣草奶油酥餅

在甜點的世界裏，檸檬和薰衣草一直是被配成對的，我也特別喜歡將這一個濃郁一個酸香的材料放在一起，再加點檸檬皮屑，典雅的餅乾就完成了！

材料

麵團類

份量
約 12 ～ 16 片

無鹽發酵奶油……… 95g
純糖粉……………… 45g
鹽…………………… 1g
檸檬………………… 1 顆
乾燥薰衣草…… 1/2 小匙
香草豆莢醬………… 適量
低筋麵粉…………… 125g
手粉（使用高筋麵粉）…
………………………… 少許

裝飾：
檸檬………………… 1 顆
細砂糖……………… 10g

事前準備

* 烘烤前烤箱以 180℃ 預熱。
* 奶油於室溫下放至軟化。

作法

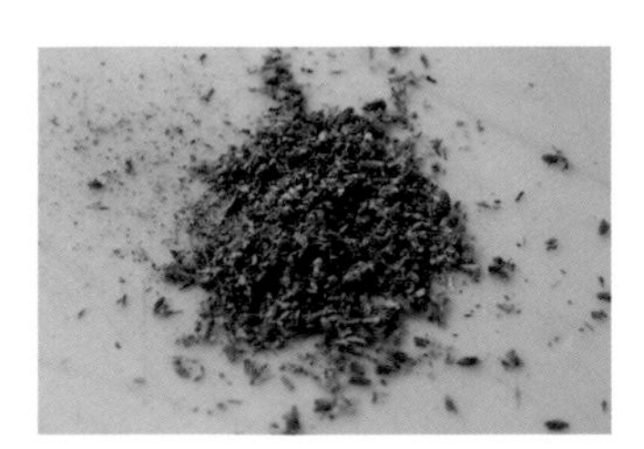

1 薰衣草略為切碎備用。

2 軟化的奶油以中速攪打至絨毛狀。

3 篩入純糖粉、鹽和香草豆莢醬後繼續打勻。

4 取1顆檸檬磨入整顆皮屑放入。

5 加入切碎的薰衣草末，將材料攪拌均勻。

6 篩入低筋麵粉。

7 利用橡皮刮刀將所有的材料拌合。

Tips：輕輕拌合即可，切勿過度攪拌以免影響成品口感。

8 拌合好的餅乾麵團用保鮮膜包好，放入冰箱冷藏約2 ～3小時。

Tips：靜置可以讓薰衣草和檸檬的味道完美結合。

9 餅乾麵團自冰箱拿出後工作台上撒上些手粉，利用擀麵棍擀開約3 ～4毫米的厚度。

10 利用餅乾壓模器，壓出餅乾形狀，放在鋪有烘焙紙的烤盤上。

11 取另1顆檸檬磨入整顆皮屑和細砂糖一起放入研磨缽裏，摩擦至有檸檬糖香氣。

Tips：檸檬皮經由摩擦釋放出天然精油香。

12 將檸檬糖鋪放在餅乾團上。

13 烤盤放入烤箱後，以180℃烘烤大約8 ～10分鐘。

Tips：後段烘烤時，記得將烤盤轉向以利上色受熱平均。

14 出爐後的餅乾冷卻後密封保存。

貼心叮嚀：餅乾麵團的厚薄度會影響烘烤時間的長短，一定要跟自己家中的烤箱培養好感情。

草莓杏仁奶油酥餅

手工餅乾的外表不必總是樸實無華，偶爾也可以有點小變化，細心妝點過後，也能精巧的讓人愛不釋手。

材料

麵團類

無鹽發酵奶油	200g
純糖粉	90g
鹽	1g
奶粉	20g
杏仁粉	90g
低筋麵粉	255g
草莓粉	18g

裝飾：

蛋白	20g
砂糖	30g
杏仁角	35g
白巧克力	30g
乾燥覆盆子粒	適量

份量
22 片長方形 和 15 片圓形

事前準備

* 奶油於室溫下放至軟化。
* 烘烤前烤箱以 170℃ 預熱。

作法

1 奶油打軟後加入過篩的純糖粉、鹽，繼續攪打至糖鹽融化。

Tips：使用手持攪拌機操作方式相同。過程中記得刮缸讓食材充分均勻攪打。

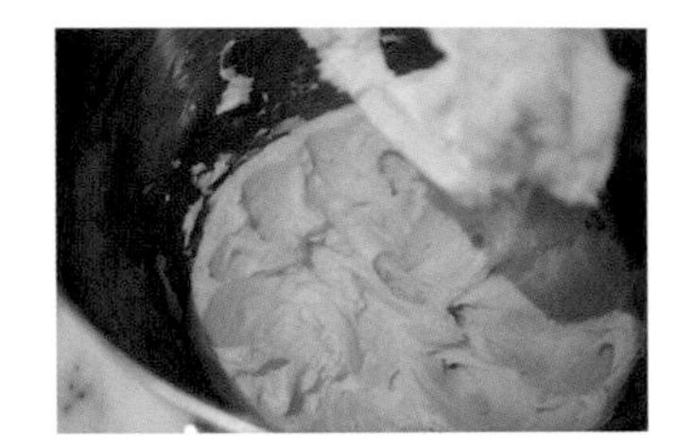

2 攪打的過程中奶油有些蓬鬆感，這樣的餅乾組織也相對會酥鬆些。

3 篩入混合過後的粉類和杏仁粉並拌勻。

Tips：杏仁粉的添加讓餅乾多些香氣，質地酥鬆。

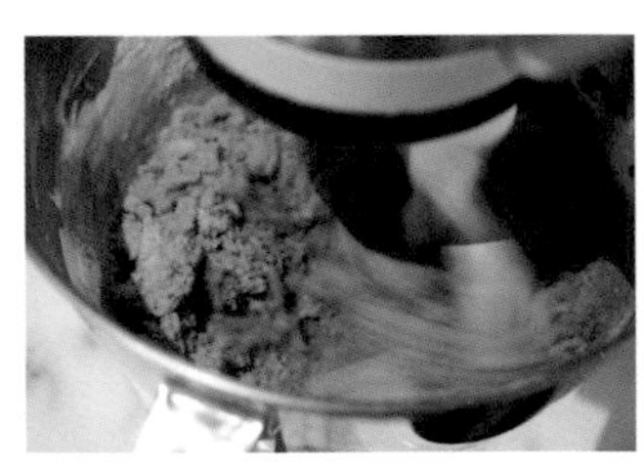

4 利用低速將材料拌合。

5 用橡皮刮刀將缸壁上的材料刮向中間，以混合成團。

6 完成後，將麵團均分成2份。

7 模型放好保鮮膜，將其中1份麵團放入整形，蓋上保鮮膜放入冰箱冷藏3小時或隔天烘烤。

Tips：U型模型用的尺寸為20×5公分。

8 另外1份麵團搓成圓柱體狀，包覆保鮮膜後放入冰箱，冷藏3小時或隔天烘烤。

9 麵團自冰箱取出。直接提起保鮮膜就能脫膜。

Tips：麵團若過硬，必須先在室溫下回溫後切片烘烤。

10 麵團切約7毫米厚的片狀，排放在烤盤上放入烤箱以170℃烘烤12～15分鐘。

Tips：中途視家中烤箱特性，將烤盤轉向均勻受熱上色。烤盤若非防沾需鋪上烘焙紙。

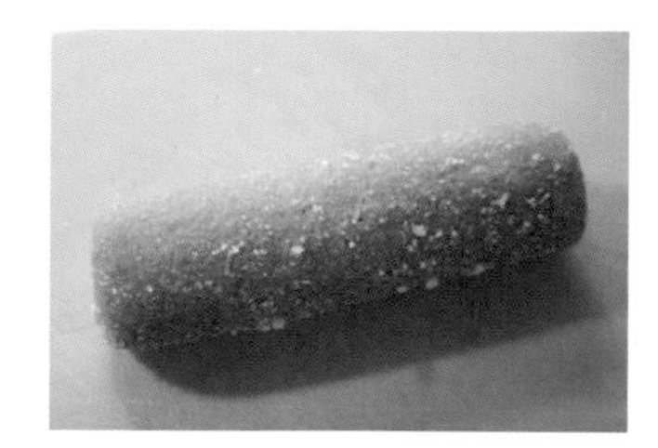

11 圓柱體的麵團抹上蛋白後再滾上砂糖及杏仁角。

12 切片後鋪放在烤盤上，同樣的烘烤溫度及時間送入烤箱。

13 餅乾出爐囉！

14 餅乾先在烤盤內冷卻後再行裝飾。

15-1 裝飾時利用融化白巧克力畫線條，放上乾燥覆盆子粒裝飾。

15-2 畫交錯的斜線也是一種選項。

貼心叮嚀：草莓粉選用天然製作為宜，天然草莓粉是以真空乾燥設備與冷凍研磨機製作完成，保留水果的果香即風味。因此蔬果粉也很適合取代部分麵粉做成不同風味的餅乾。

英式伯爵奶茶酥餅

口感紮實又帶著奶茶香氣，如果你有喜歡的茶，不如試著做做屬於你自己的奶茶酥餅。

材料

伯爵紅茶茶包⋯⋯⋯⋯ 5g
鮮奶⋯⋯⋯⋯⋯⋯⋯ 30cc
無鹽發酵奶油⋯⋯⋯ 135g
細砂糖⋯⋯⋯⋯⋯⋯ 35g
三溫糖⋯⋯⋯⋯⋯⋯ 45g
鹽⋯⋯⋯⋯⋯⋯⋯⋯⋯ 1g
低筋麵粉⋯⋯⋯⋯⋯ 240g
小蘇打粉⋯⋯⋯⋯⋯⋯ 1g

麵團類

份量
約 23 片

事前準備

* 奶油於室溫下放至軟化。
* 粉類材料先混合好。
* 鮮奶微波加熱後與伯爵茶混合浸泡。奶茶需要浸泡約 10 分鐘。
* 烘烤前烤箱以 165°C 預熱。

作法

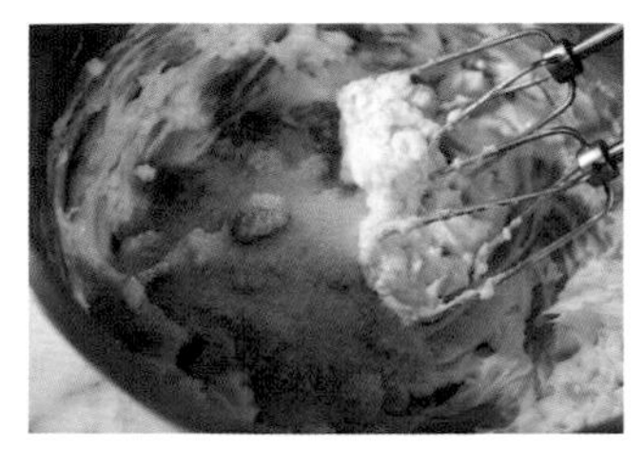

1 軟化的奶油以中速攪打至絨毛狀，加入糖、鹽繼續攪打均勻。

Tips：部分糖量選用三溫糖，蔗糖風味多一些，很適合與紅茶結合。

2 加入浸泡過後的伯爵茶汁及茶葉，繼續攪打奶油糊至膨發。

3 過程中需刮缸幫助食材充分均勻攪打。

4 篩入混合過後的粉類，使用橡皮刮板將材料拌合均勻。

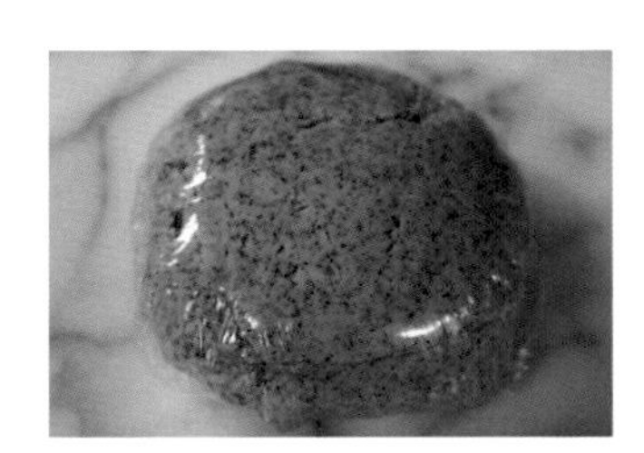

5 完成後將餅乾麵團包覆保鮮膜，放冷藏30分鐘以上。

6 餅乾麵團完成冰鎮後，揉成每顆20公克大小放在烤盤上略為按壓。以165℃烘烤大約20～25分鐘，熄火燜約7～10分鐘。

7 出爐後的餅乾冷卻至室溫後密封保存。

貼心叮嚀：英式伯爵紅茶有著佛手柑的柑橘香氣，浸泡在鮮奶中已經是不得了的好喝，濃縮後放入餅乾麵團，奢華享受更升級。

泰國奶茶奶油酥餅

泰國紅茶的茶香，源自一種被稱為Chiang Rai Tea的茶葉，有著泰國獨有的味道，聞起來甜甜的。鮮豔的橘紅色是它的特徵，讓這款酥餅色香味俱全。

材料

無鹽發酵奶油……… 170g
細砂糖……………… 100g
鹽……………………… 1g
泰國紅茶茶葉…… 2 大匙
水………………… 1 大匙

中筋麵粉…………… 188g
玉米粉……………… 75g

麵團類

份量
約 22 片

事前準備

* 烘烤前烤箱以 175℃ 預熱。
* 奶油於室溫下放至軟化。

作法

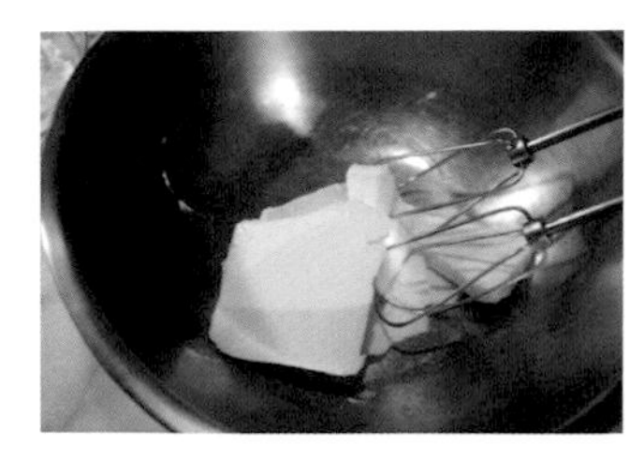

1 軟化的奶油以中速攪打至絨毛狀後，加入細砂糖、鹽繼續攪打至奶油和糖鹽融合即可，不需要攪打過發。

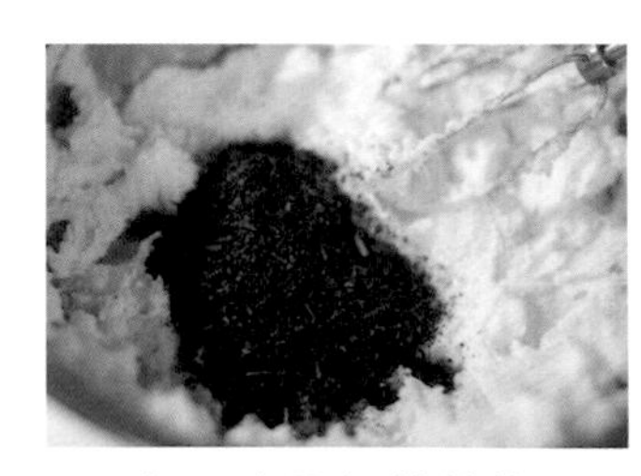

2 加入泰國紅茶茶葉。

3 再將清水加入，同樣以慢速攪打讓茶葉、水混合於奶油糊中。

4 攪打後的奶油糊狀態。

5 加入混合過後的粉類，以塑膠刮板將材料以切拌的方式拌合。

6 完成後的麵團整形成長方體或是圓柱體，包覆保鮮膜放冷藏約3小時。

7 將冷藏過的餅乾麵團切片，厚度大約為0.8～1公分，放在鋪有烘焙紙的烤盤上。

8 送入烤箱以175℃烘烤約18～20分鐘，熄火後燜5分鐘出爐。

Tips：中途視家中烤箱特性將烤盤轉向幫助受熱上色。

9 餅乾出爐冷卻至室溫後密封保存。

櫻花玫瑰草莓夾心酥餅

在餅乾上綴上一朵櫻花，不只收藏了花的美麗，有了美麗的餅乾，引起了大家的興趣，也能讓彼此的距離更進一步。

材料

麵團類

份量
約 7 組

餅乾麵團：

低筋麵粉…………… 100g
杏仁粉……………… 20g
糖粉………………… 30g
鹽…………………… 1g
無鹽發酵奶油……… 55g
蛋黃………………… 20g

裝飾：

鹽漬櫻花………… 8 小朵

內餡：

無鹽發酵奶油……… 20g
白巧克力…………… 20g
玫瑰草莓果醬……… 35g

事前準備

* 烘烤前烤箱以 190℃ 預熱。
* 鹽漬櫻花先泡清水約 10 分鐘後擦乾備用。

作法

1 將除了蛋黃外的餅乾麵團材料放入料理機中，蓋好上蓋，以按壓的方式讓材料打成砂狀。

Tips：也可直接以橡皮刮板將奶油在粉類中切成小米粒狀。

2 接著將蛋黃放入料理機中，慢慢按壓料理機將蛋黃拌入麵團中。

3 幾乎成團即可取出。工作台鋪保鮮膜放上麵團，再蓋另1張保鮮膜，擀成厚片冷藏3小時以上。

Tips：製作塔皮類酥餅，冰鎮靜置是必須的。切勿心急。

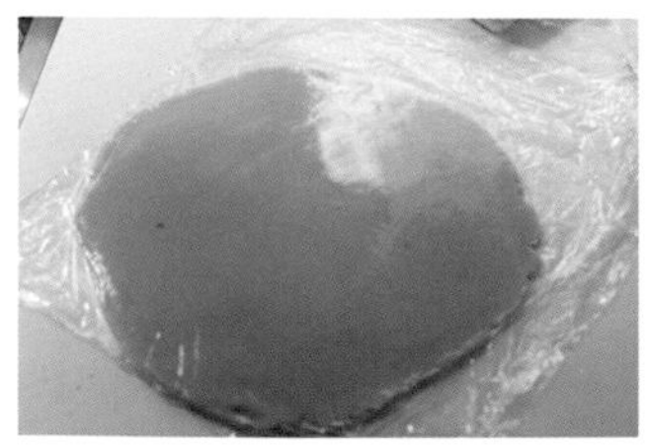

4 從冰箱取出麵團後，擀開成厚度約0.5公分的大小。

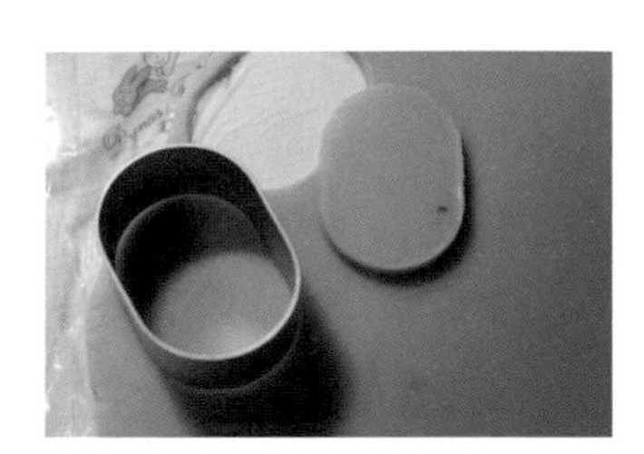

5 使用橢圓形模型壓出形狀，放在鋪好烘焙紙的烤盤上。

Tips：橢圓形模型的尺寸為：50×35×25 毫米。

6 將擦乾水分的鹽漬櫻花放在麵皮上，完成後放入冰箱冷凍約15分鐘。

7 冷凍過後的餅乾麵團送入烤箱以175℃烘烤約15分鐘。

Tips：中途視家中烤箱特性將烤盤轉向均勻受熱上色。

8 出爐後的餅乾在烤盤內冷卻。

9 利用時間配對餅乾，落單的餅乾仍以1朵櫻花裝飾。

10 白巧克力和無鹽奶油放入耐熱容器之後，微波爐加熱融化，再加果醬拌勻。

11 用冰水盆隔著降溫，並同時攪拌至容器中的材料不再流動即可。

12 將內餡材料裝入塑膠袋，剪1小洞準備填餡。

13 在空白的餅乾上擠上內餡，再蓋上1片有櫻花的，夾心餅乾完成了。

Tips：內餡建議這樣擠，因為蓋上餅乾後，夾心餡會因擠壓露一點出來，看起來比較美。

貼心叮嚀：完成後的餅乾略為冰鎮可以讓內餡凝固，之後裝入餅乾袋密封保存。

花生奶油巧克力酥餅

巧克力親吻（kisses）透過酥餅來傳遞，絕對只溶於口不溶於手。

材料

無鹽發酵奶油	60g	鮮奶	10g
顆粒花生醬	90g	中筋麵粉	100g
細砂糖	20g	小蘇打粉	2g
三溫糖	25g	鹽	1/8 小匙
全蛋蛋汁	30g	巧克力（kisses）	30 個
香草精或香草豆莢醬	少許		

麵團類

份量
約 30 塊

事前準備

* 奶油於室溫下放至軟化。
* 烘烤前烤箱以 185°C 預熱。

作法

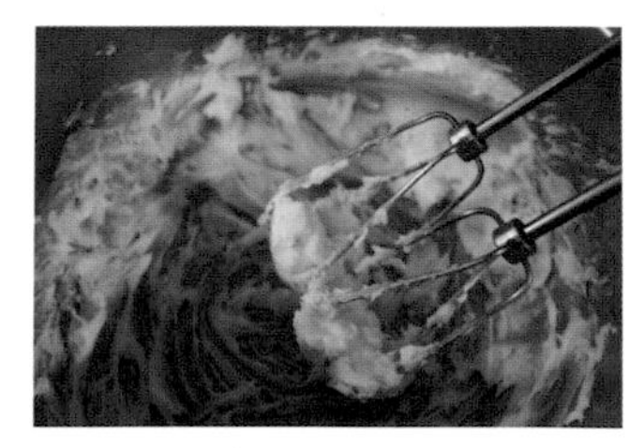

1 奶油室溫下放軟後，以中高速將奶油打軟。

2 接著加入花生醬和糖攪打約3 ~4分鐘，讓花生奶油糊蓬鬆輕盈。

Tips：花生醬加入奶油後打發要充足，餅乾口感才會酥鬆。

3 加入少許的香草豆莢醬或香草精，繼續拌勻。

4 花生奶油糊攪打完成的狀態。

5 將全蛋蛋汁慢慢加入花生奶油糊中攪拌均勻。

Tips：這個步驟要確實讓蛋汁吃進花生奶油糊中。

6 鮮奶也慢慢地加入並攪拌均勻。

7 篩入混合過後的粉類和鹽，用橡皮刮刀拌勻，蓋上保鮮膜冷藏約1小時。

Tips：這時的麵團非常黏，放進冰箱冰鎮後會稍微凝固較容易操作。

8 將餅乾麵團以每10公克大小搓揉成圓形，放在鋪有烘焙紙的烤盤上。送入烤箱以185℃烘烤約8～10分鐘。

Tips：中途視家中烤箱特性將烤盤轉向均勻受熱上色。

9 巧克力去除包裝紙後備用。

Tips：選用 kisses 是因其造型像個小帽子，十分可愛。

10 剛出爐的餅乾很軟，趁這時間稍微施力地將巧克力按壓在餅乾中間。

11 將嵌好巧克力的餅乾，送回烤箱利用烤箱餘溫燜約15秒再拿出來，有助於巧克力與餅乾黏著。

Tips：巧克力遇到熱氣會有些出油，冷卻後即恢復。

12 餅乾冷卻後密封保存。如果家中有白巧克力，可以融化後做些小小裝飾。

Tips：花生醬巧克力的搭配可說是經典美式，深受大眾喜愛。

貼心叮嚀：花生醬的品牌不同，所含糖分也有差別，可適度調整糖量的使用。
餅乾小教室：蛋汁分次加入且確認每次攪打完全的目的是讓油水媒合。太快加入濕性材料容易造成油水分離。

雙色聖誕造型餅乾

做餅乾的同時也可以有點趣味性，一個基本的麵糊，拌入不同的粉料，成了兩種麵糊，利用不同顏色的組裝創造不同的視覺感受，做餅乾挺有趣的呢！

材料

麵團類

份量
約 24 片

無鹽發酵奶油……… 150g
純糖粉……………… 105g
鹽………………………… 1g
全蛋蛋汁………57 ~ 60g
手粉（使用高筋麵粉）…
………………………… 少許

原味：
低筋麵粉…………… 150g

草莓口味：
低筋麵粉…………… 138g
草莓粉………………… 12g

事前準備

* 奶油於室溫下放至軟化。
* 全蛋亦需在室溫操作。
* 烘烤前烤箱以 165°C 預熱。

作法

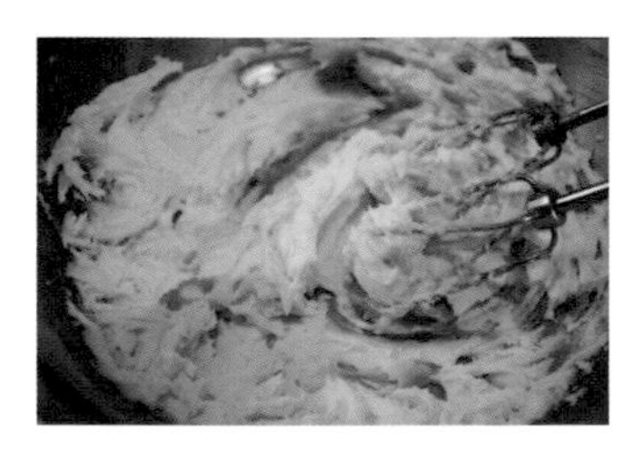

1 奶油以中速打軟，加入純糖粉、鹽繼續攪打至奶油顏色略微泛白。

Tips：攪打的過程中記得時時要刮缸。

2 分3次將打散的全蛋蛋汁加入奶油糊中攪打，每次都要確認蛋汁全部被吸收。

Tips：隨著攪打過程奶油糊的體積變大，質量輕盈。因為要做成壓花餅乾，奶油打發程度不需要太多，以免餅乾過於癱鬆。

3 記得刮缸，將材料往盆中集合，讓所有材料都能攪打均勻。

4 最後一次蛋汁加入攪打。直到奶油顏色變白，表示材料也結合完成。

5 將奶油糊平均分放在2個容器中，每份約150公克。

6 其中1份做成原味，將粉類篩入奶油糊盆中。

7 利用橡皮刮刀將材料拌合成團。

Tips：也可以直接倒在工作台上，以按壓切拌的方式成團。

8 將麵團放入2斤的塑膠袋內整形。

Tips：塑膠袋底部兩側可略剪開一點點幫助空氣釋放，方便整形。

9 利用擀麵棍將麵團平均擀成厚度約0.3～0.4公分的長方形。完成後放在托盤上送入冰箱冷凍約20分鐘，比較好操作。

10 以同樣的方式操作草莓麵團，成團後同樣的放入另1個2斤塑膠袋中整形。

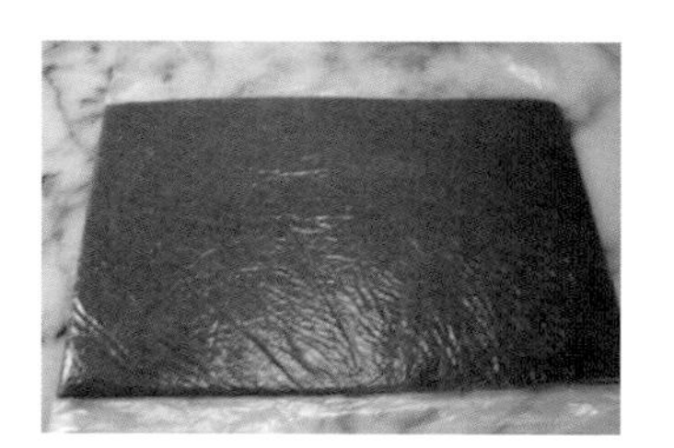

11 一樣的整形完畢，放在托盤上送入冰箱冷凍備用。

12 等待麵團冷凍的過程，準備需要使用的壓模。圓形模選擇和造型模差不多大小，直徑約5～6公分。

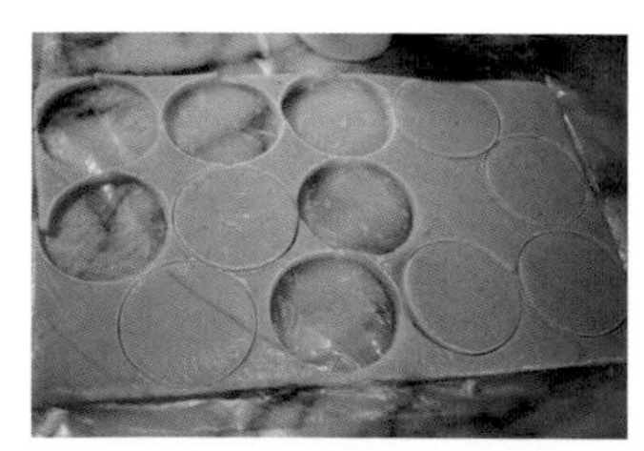

13 取出冷凍後的麵皮並壓出形狀。

Tips：模型需要沾上些手粉幫忙防沾。

14 完成後放在鋪有烘焙紙的托盤上，放回冰箱冷藏大約10分鐘。

15 草莓麵皮也是同樣的操作方式，壓出形狀，冷藏備用。

16 剩下來的麵團再次整形放入4兩的塑膠袋中擀平，冷藏變硬後再以同樣方式壓模。

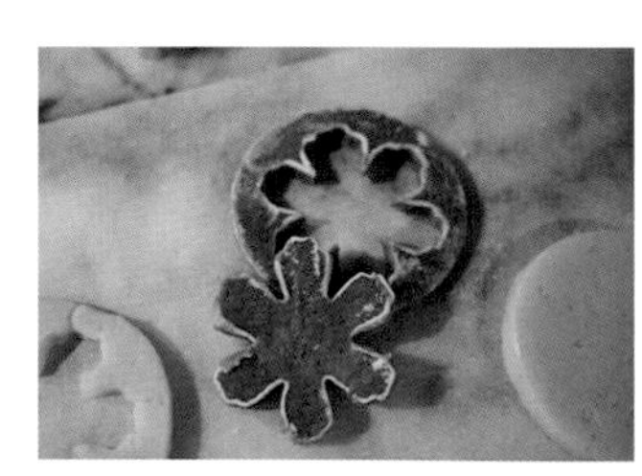

17 造型壓模先沾上手粉後再於麵皮按壓。

Tips：少許手粉可幫助麵團壓模不沾黏，必須注意要利用毛刷刷去多餘手粉，以免影響成品外觀。手粉多為高筋麵粉。

18 將有顏色的形狀取下後套入原色麵皮中，再用毛刷將乾粉刷掉。

Tips：壓模餅乾的麵團在稍微冰冷狀態下壓製效果比較好。如果感到麵團過於柔軟，可冰鎮片刻再進行操作。

19 用不同形狀的壓模做出不同顏色的搭配，再放到鋪好烘焙紙的烤盤上，冷凍10分鐘。

Tips：烤箱以 165℃ 預熱。

20 烤箱預熱完成，即可取出冷凍的餅乾麵團，放入烤箱以165℃烘烤20分鐘。

Tips：餅乾不需要上色太多，烤溫不需高，烤盤放烤箱中間即可。

21 餅乾出爐！餅乾在烤盤中冷卻後密封保存。

貼心叮嚀：造型餅乾讓餅乾多了趣味性，引起相機先食的衝動，當你動手做時，記得先留下美好的當下。

蘭姆蔓越莓夾心餅乾

夾心餅乾人人愛，除了造型也可以在內餡上做點變化。試試看用義式蛋白奶油霜加打發奶油來當作夾心，保證你會增加做餅乾的頻率。

材料

餅乾麵團：

低筋麵粉	150g
杏仁粉	30g
糖粉	45g
鹽	1g
無鹽發酵奶油	82g
蛋黃	30g

義式蛋白奶油霜：

蛋白	60g
細砂糖	65g
水	25g
無鹽發酵奶油	95g

酒漬蔓越莓乾：

蔓越莓	45g
蘭姆酒	20g

裝飾：

水滴巧克力豆	適量

麵團類

份量
約 16 組

事前準備

* 烘烤前烤箱以 180℃ 預熱。
* 酒漬蔓越莓乾材料，先行混合浸泡。

作法

餅乾麵團

1 將除了蛋黃外的所有材料放入料理機中，蓋好上蓋後以按壓的方式讓材料打成砂狀。

Tips：也可用橡皮刮板，將奶油在粉類中切成小米粒狀。

2 接著將蛋黃放入料理機中，同樣的方式慢慢按壓料理機，將蛋黃拌入麵團中。

3 幾乎成團即可。

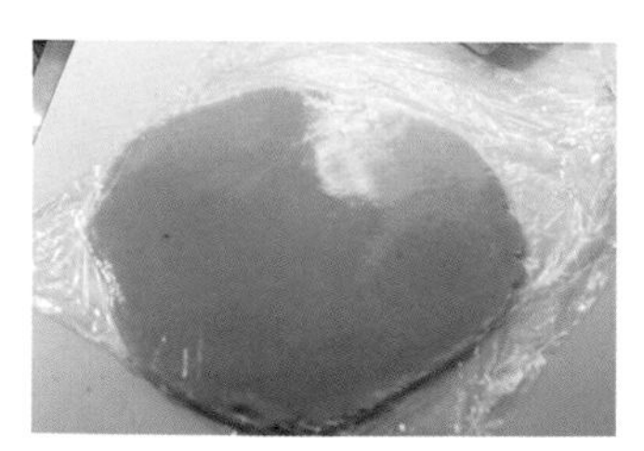

4 保鮮膜上放置麵團，再蓋保鮮膜，擀成厚約3毫米，冷藏3小時以上。

Tips：製作塔皮類酥餅，冰鎮靜置是必須。切勿心急。

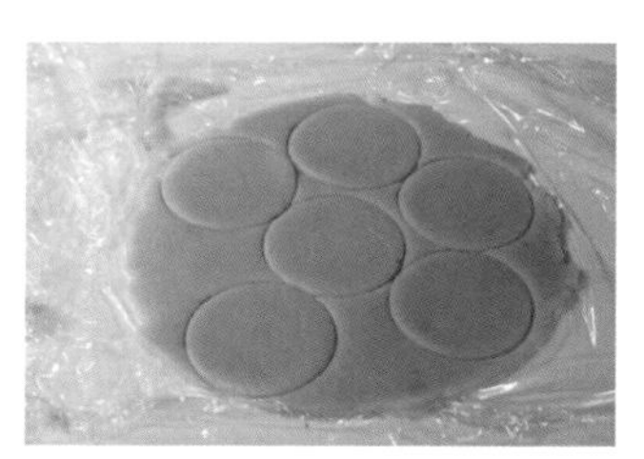

5 麵團冰鎮後，用直徑6公分的模型壓出圓片。

Tips：利用小抹刀或橡皮刮板輕輕將圓片鏟起，避免手溫破壞麵團形狀。

6 完成後將餅乾圓片放在鋪有烘焙紙的烤盤上。

Tips：不需要太多的間距，因為沒有使用膨鬆劑。

7 烤盤送入烤箱以180℃烘烤約15～18分鐘。

8 餅乾出爐，完全冷卻才能夾入內餡。

9 可再做1批熊熊形狀壓模完成。

義式蛋白奶油霜

10 眼睛和鼻子就以水滴巧克力裝飾。

Tips：同樣的烘烤時間。出爐後餅乾必須完全冷卻才能夾入內餡。

11 細砂糖和水放入厚底單柄鍋以中小火煮糖漿。記得插上溫度計，目標溫度在118～121℃。

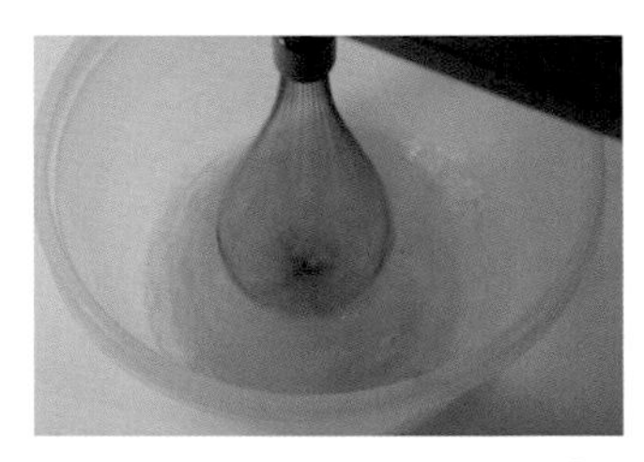

12 等糖漿煮至110℃的時間，以中高速將蛋白打發至濕性發泡。

Tips：若蛋白霜打至濕性發泡後，糖漿還沒到達理想溫度，可先暫停一下，等待升溫。

13 熱糖漿到達理想溫度後，慢慢地一邊沖入蛋白霜中，一邊高速攪打。

Tips：熱糖漿溫度破百之後，升溫速度會比較慢一點，要有耐心。熱糖漿非常燙，取用時請小心。

14 熱糖漿加入後繼續高速攪打，一邊測量溫度。達到室溫約是34～36℃左右，並且感覺蛋白霜快要打不動了的狀態即可。

Tips：提起攪拌器時蛋白霜都在上面，同時非常光滑，就是這個程度。

15 室溫下奶油攪打至軟化。攪打3～5分鐘，奶油狀態篷鬆即可。

16 分次將義式蛋白霜加入蓬鬆的奶油糊中拌勻，義式蛋白奶油霜即完成。

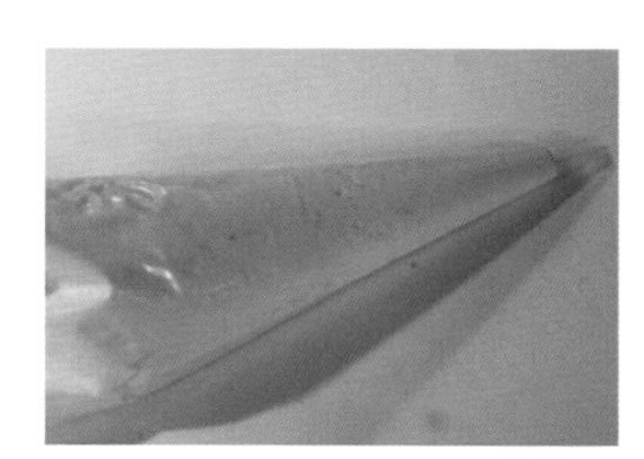

17 奶油霜裝入擠花袋，比較好操作。

18 先配對好餅乾組，接著擠上適量的奶油霜。

19 放上適量蘭姆蔓越莓乾。

20 再次擠上奶油霜。

21 將上片的餅乾蓋上夾好，夾心餅乾即完成。

餅乾小教室：這款蘭姆夾心餅乾十分受到喜愛甜點的女孩們青睞，享受奶油餅乾的同時，酒香浸泡的果乾夾花內餡，入口後韻味萬千。

貼心叮嚀：別忘了熊熊餅乾，烤好冷卻後也以同樣的方式完成夾餡步驟，夾心餅乾可套入餅乾袋密封保存，冰冰的吃超級美味。

巧克力甘納許夾心餅乾

製作過程需要多點耐心的餅乾，正好可以撫平任何情緒。排上榛果後，餅乾好像有了表情，喜感十足！

材料

餅乾麵團：

無鹽發酵奶油……… 100g
純糖粉……………… 70g
鹽…………………… 少許
全蛋蛋汁…………… 40g
低筋麵粉…………… 150g
杏仁粉……………… 40g
無糖可可粉………… 20g
榛果………………… 適量

夾心餡（甘納許醬）：

動物鮮奶油………… 55g
苦甜巧克力………… 60g
無鹽發酵奶油……… 10g

麵團類

份量
約 16 組

事前準備

* 奶油於室溫下放至軟化。
* 全蛋需在室溫下製作。
* 烘烤前烤箱以 175℃ 預熱。

作法

餅乾麵團

1 奶油在鋼盆中以木匙按壓至柔軟度一致。

Tips：壓模餅乾麵團不需要打發，烘烤後才可保持形體。

2 加入過篩的純糖粉、鹽，同樣的方式將材料按壓均勻。

3 全蛋蛋汁分次加入拌勻。注意整個過程木匙都是貼著鋼盆邊底操作。

Tips：貼著鋼盆壓拌是要避免將多餘的空氣攪拌進入。

4 篩入混合的粉類拌勻。

5 可可粉也過篩，利用硬質橡皮刮板將材料拌合成團。

Tips：可可粉容易結塊，必須過篩後使用，同時也讓成品更細膩。

6 用保鮮膜將麵團包覆，放冷藏約3小時。

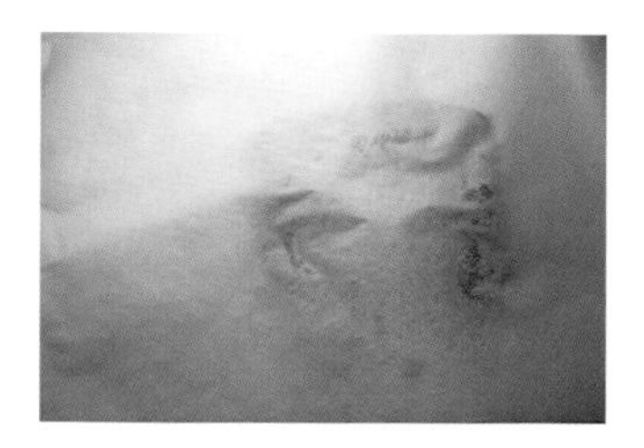

7 冷藏後要使用時，用2張烘焙紙將麵團上下包裹著。

Tips：要用保鮮膜也可以。

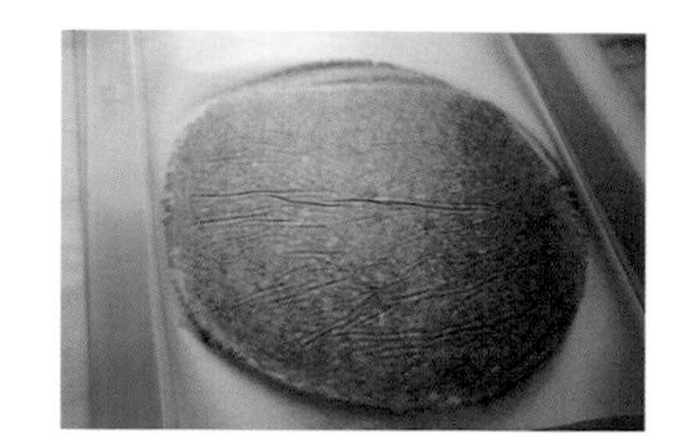

8 利用約3～4毫米厚的長尺放兩側，將麵團擀開，可以很方便擀到需要的厚度。

9 擀至麵團厚度約4毫米厚即可。

10 利用正方形壓模壓出餅乾形狀。

11 按壓出來的正方形麵團片，放在烤盤上取出距離排放，放入冰箱冷藏至烤箱預熱完成。

12 剩下的麵團以同樣的方式擀開。

13 將榛果切半後，按壓入每1片麵皮做裝飾。

Tips：冰鎮之前就要先裝飾好，否則麵皮太硬，堅果按壓會不夠深。

14 完成整形和裝飾的麵皮，整盤放入冰箱冷藏至烤箱預熱完成。

15 冰鎮過後將烤盤送入烤箱，以175℃烘烤14～18分鐘。

Tips：中途視家中烤箱特性，將烤盤轉向均勻受熱上色。

夾心餡

16 餅乾出爐後等冷卻再裝飾。

17 製作甘納許醬。動物鮮奶油先加熱至接近沸騰。

18 放入苦甜巧克力，等待1分鐘後再攪拌均勻。

Tips：甘納許醬太急著攪拌很容易油水分離，須注意。

19 奶油放入巧克力醬中拌勻。

20 利用冰水盆降溫，同時一邊攪拌讓甘納許醬達到濃稠的質地。

21 餅乾配對後開始抹入適量的甘納許醬，之後將另1片餅乾黏上即可。

Tips：如果有榛果掉下來，沾些甘納許醬再黏回去就好。

餅乾小教室：甘納許原文 ganache，是一種由巧克力和動物鮮奶油組成的柔滑的巧克力醬，主要用於夾心巧克力類甜點使用。是非常實用的甜點內餡選項。
貼心叮嚀：巧克力產品中使用的無糖可可粉盡量選擇優質的種類，甘納許醬中的苦甜巧克力建議選用 65% ～ 70% 以上，純度高的巧克力。

新月香草餅乾

這個小小月牙形狀的餅乾，通常是以杏仁、核桃或榛果類的堅果粉製作，香草糖粉更是不能少的味道，在歐洲是大家都熟悉的點心喔！

材料

無鹽發酵奶油……… 185g
低筋麵粉…………… 280g
純糖粉……………… 75g
鹽………………………… 1g
香草豆莢粉…………… 1g
胡桃………………… 50g
榛果………………… 50g
蛋黃………………… 40g

裝飾：

純糖粉……………… 適量

麵團類

份量
約 35 片

事前準備

* 烘烤前烤箱以 180℃ 預熱。
* 胡桃、榛果利用料理機打成粉末狀成為堅果粉備用。

作法

1 榛果放入料理罐打成粗粉末狀。

Tips：榛果呈現粉粒，加入麵團中烤出來的餅乾，酥鬆度佳，入口即化。

2 胡桃也以同樣的方式打成粗粉末狀。

3 粉類（低筋麵粉、純糖粉、鹽、香草豆莢粉）過篩在工作台上後再加入堅果粉，利用2個橡皮刮板在材料中切磋拌合。

4 將奶油放入混合後的粉類中。

5 利用橡皮刮板切割，將奶油盡可能地切成小小米粒狀。完成後加入蛋黃拌勻成團。

Tips：有料理機的話，可以使用它來快速完成。

6 完成後的麵團壓成厚度約1.5公分的長方形，包覆保鮮膜後，放入冰箱冷藏約1小時或冷凍約30分鐘。

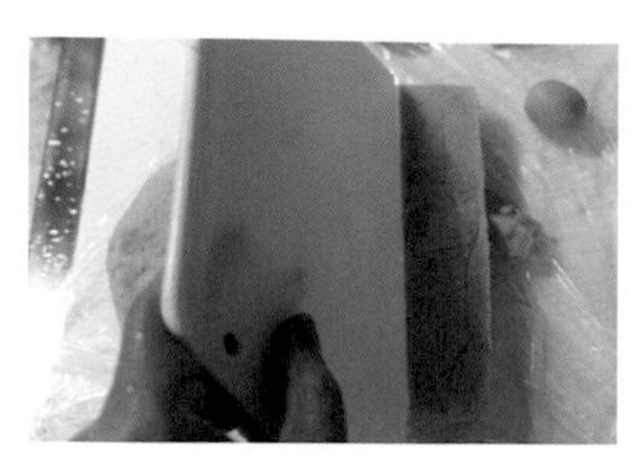

7 取出冷凍約30分鐘後的麵團，利用橡皮刮板先切直條後橫切。

Tips：保鮮膜很好用，別急著丟棄。

8 切成每個約10公克大小的麵團。

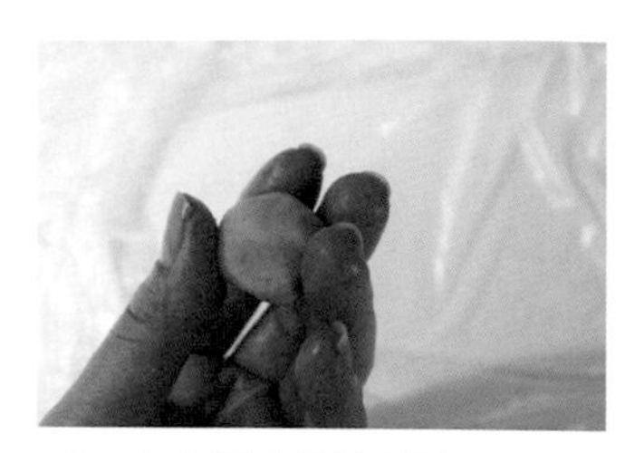

9 取1個小團揉圓。

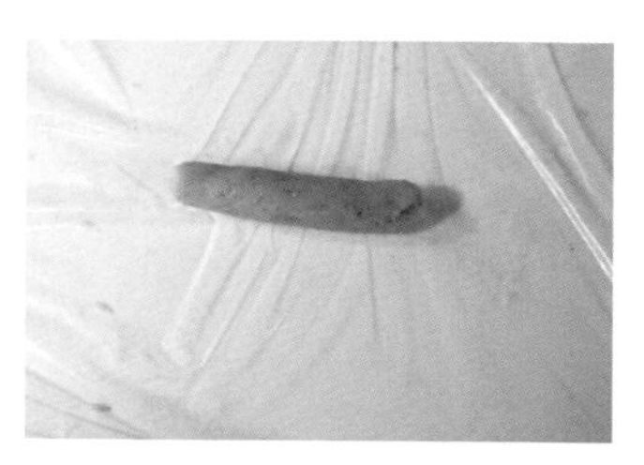

10 麵團放在保鮮膜上，用指頭輕輕擀捲成長約5公分的長條。

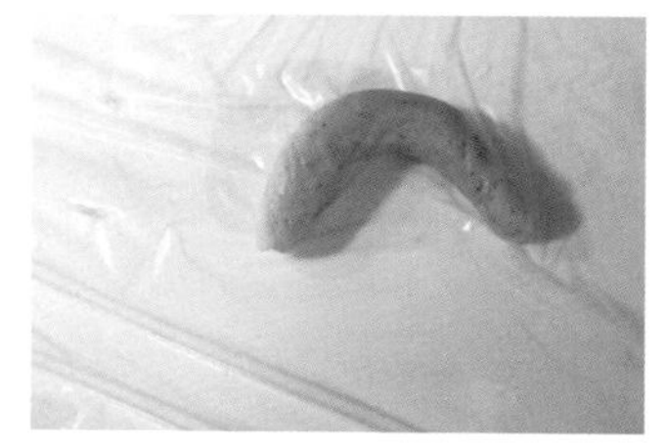

11 麵團稍微從兩側彎下就成新月形。

Tips：保鮮膜上有油脂，這樣操作很方便，麵團也不會黏在工作台上。

12 麵團放在鋪有烘焙紙的烤盤上。烤盤送入烤箱以180℃烘烤約10～12分鐘。

Tips：中途視家中烤箱特性將烤盤轉向均勻受熱上色。

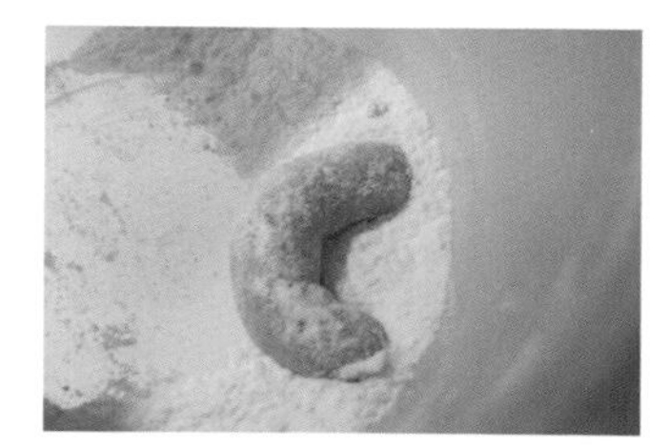

13 餅乾出爐，靜置2分鐘後以糖粉裝飾，讓餅乾在糖粉堆中滾動沾附。

Tips：別因為心急而一次放太多滾動，餅乾會斷裂。

14 滾好糖粉後將餅乾放在層架上冷卻，餅乾冷卻至室溫後，放入密封罐裡以免返潮。

貼心叮嚀：需要沾裹糖粉的點心餅乾，在烘烤出爐後稍微降溫即可操作。餅乾完全冷卻後再沾糖粉效果反而不佳。

經典維也納酥餅

幾乎沒有水分，全靠奶油撐起風味的餅乾，非常迷人。只是擠出餅乾團需要用點力氣，不過要相信只要多加練習就能完美，你也可以做出好吃又好看的經典餅乾。

Chapter
02

Great Taste

超人氣餅乾，一秒收服人心

曲奇餅乾

伴手禮的常客，也深受大家喜愛的曲奇餅乾的誕生，
原來是廚師在烤大蛋糕之前的少量測試品，還好被流傳了下來，
有了今天的多樣變化，我們才有口福！

奶油曲奇餅乾四重奏

奶油的清香，抹茶的甘味，咖啡的微苦，巧克力的甜蜜，造型簡單口味卻千變萬化，僅獻給你的餅乾四重奏。

材料

原味：

無鹽發酵奶油……… 115g
鹽………………………… 1g
細砂糖……………… 50g
全蛋………………… 20g
低筋麵粉…………… 130g
香草豆莢粉………… 少許

抹茶：

無鹽發酵奶油……… 115g
鹽………………………… 1g
細砂糖……………… 50g
全蛋………………… 20g
低筋麵粉…………… 120g
抹茶粉……………… 10g

巧克力：

無鹽發酵奶油……… 115g
鹽………………………… 1g
細砂糖……………… 50g
全蛋………………… 20g
低筋麵粉…………… 115g
可可粉……………… 15g

咖啡：

無鹽發酵奶油……… 115g
鹽………………………… 1g
細砂糖……………… 50g
全蛋………………… 20g
低筋麵粉…………… 125g
即溶咖啡粉………… 5g

麵糊類

份量
每種口味 12 ～ 16 塊

事前準備

* 奶油和全蛋需在室溫下製作。
* 烘烤前烤箱以 150℃ 預熱。
* 擠花袋、擠花嘴備用。

作法

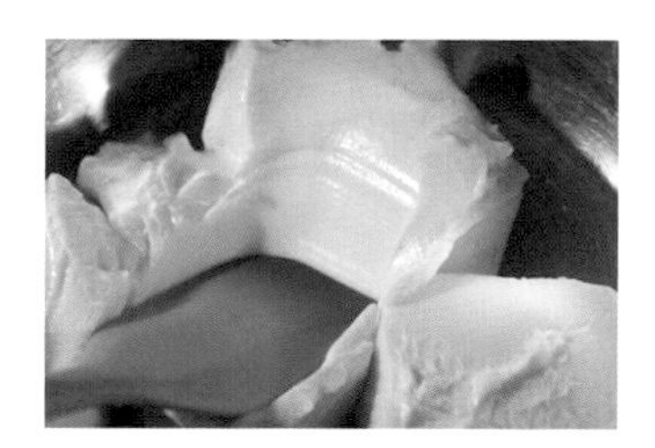

1 確認奶油的軟度，能用橡皮刮刀輕輕按壓的下去就表示OK。

Tips：奶油的溫度和軟度會影響打發的過程和程度。溫度大約維持在 22 ～ 24℃之間。

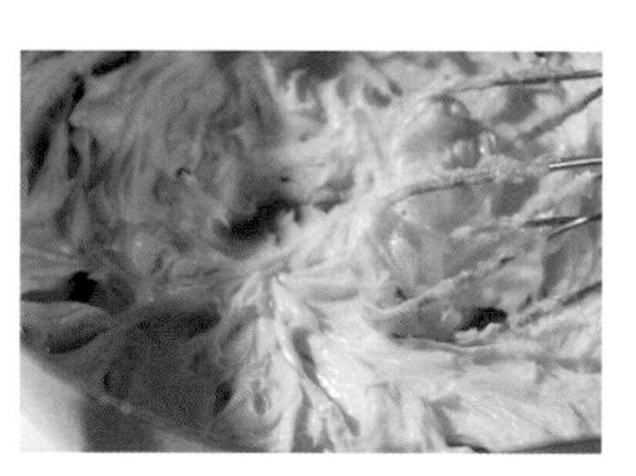

2 軟化奶油利用攪拌器慢速打發，只需要打至微白即可。

3 加入細紗糖、鹽打勻。

4 接著將室溫下的蛋汁加入，同樣攪拌至看不見蛋汁即可。

5 將奶油糊分成2等份。

6 將原味的材料(低筋麵粉、少許香草豆莢粉)篩入容器中。

南瓜肉桂曲奇餅乾

甜糯的南瓜搭配香氣馥郁的肉桂，這種直竄心底的甜蜜滋味，就是秋季最強的限定組合啦。

材料

麵糊類

材料	份量
無鹽發酵奶油	115g
細砂糖	25g
三溫糖	25g
鹽	1g
蛋黃	20g
低筋麵粉	135g
南瓜粉	12g
肉桂粉	3g
荳蔻粉	少許

份量
約 16 塊

事前準備

* 烘烤前烤箱以 165℃ 預熱。
* 擠花嘴為 10 齒，套上擠花袋後備用。
* 奶油和蛋黃需在室溫下製作。

作法

1 所有材料都放在這個容器中備用，荳蔻粉只需要磨一點就有很重的味道了，可依個人喜好使用。

Tips：使用整顆荳蔻磨出粉，香氣較足。

2 室溫下的奶油打軟，加入細砂糖、三溫糖、鹽打勻。奶油不需打太發。

3 加入室溫下的蛋黃攪打均勻。

4 攪打過程中記得刮缸。

5 粉類混合後篩入，利用橡皮刮板將材料拌勻。

6 裝入擠花袋後擠在矽膠墊或是鋪有烘焙紙的烤盤上，完成後送入烤箱以165℃烘烤30 ～35分鐘。

Tips：擠花嘴樣式可參考曲奇四重奏篇。擠麵糊時，擠花嘴和烘焙紙（或矽膠墊）保持 1 公分距離。擠花圈數多寡，會影響成品片數。

7 餅乾出爐囉！餅乾冷卻至室溫後就能密封包裝保存。

8 將餅乾裝入直角包裝中，就是最佳伴手禮。

餅乾小教室：

荳蔻是由荳蔻樹或荳蔻種子製成的香料。在西方國家，最常見的用途之一是用於甜點，尤其是蘋果派或南瓜派。甜點之外，荳蔻添加於馬鈴薯泥中，風味更具。

整顆荳蔻可以無限期保持新鮮，但必須遠離熱源和濕氣。購買整顆肉荳蔻，每次磨碎時都會提供新鮮、芳香和美味的香料。

帕馬森起司迷你曲奇餅乾

和家人相聚的時候，帕瑪森起司鹹甜融合的絕妙風味，絕對能夠捕獲大家的歡心哦！

材料

無鹽發酵奶油……… 200g
細砂糖……………… 110g
鹽……………………… 1g
全蛋蛋汁…………… 40g
低筋麵粉…………… 280g
帕馬森起司粉……… 20g

麵糊類

份量
約 130 顆

事前準備

*奶油和全蛋需在室溫下製作。
* 烘烤前烤箱以 165℃ 預熱。
* 擠花袋、擠花嘴備用。

作法

1 奶油攪打至絨毛狀。過程中記得刮缸。

2 加入細紗糖、鹽繼續攪打至奶油糊鬆發，約需要3 ～5分鐘。

3 輕盈的質地會讓餅乾的口感更酥鬆。

4 逐次加入打散的全蛋蛋汁，確保蛋汁完全被吸收進奶油糊中。

5 篩入混合過後的粉類並拌勻。

6 利用橡皮刮刀以切拌方式拌合。

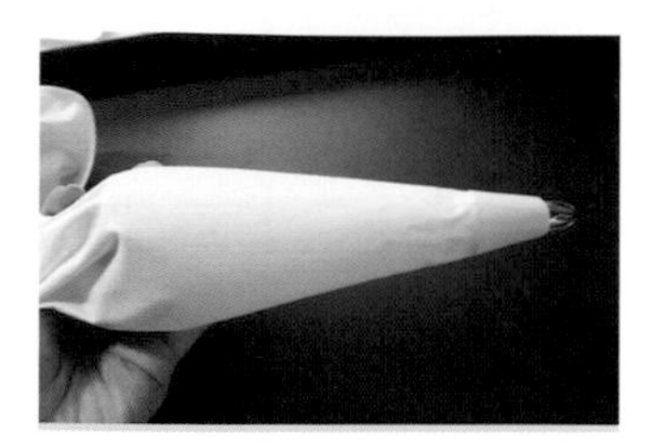

7 麵糊裝入擠花袋中，擠花袋使用非拋棄式的比較理想，以免麵糊衝破塑膠袋。

8 以左手扶著花嘴，右手垂直握壓著花袋的方式擠花，一邊擠停一邊向上提花袋，大約擠5下。

Tips：擠麵糊時，擠花嘴和烘焙紙（或矽膠墊）保持1公分距離。

9 烘烤過程中麵糊多少會有點癱，要能夠保有形狀必須要有點高度。

Tips：擠製迷你麵糊時力道必須輕一點，形體比較完整。

10 烤盤送入烤箱以165°C烘烤約16～17分鐘。曲奇麵糊擠製的厚度較高時，烘烤時間相對拉長。同時，熄火後悶一下再取出，可確認熟度。

Tips：中途視家中烤箱特性，將烤盤轉向幫助受熱。

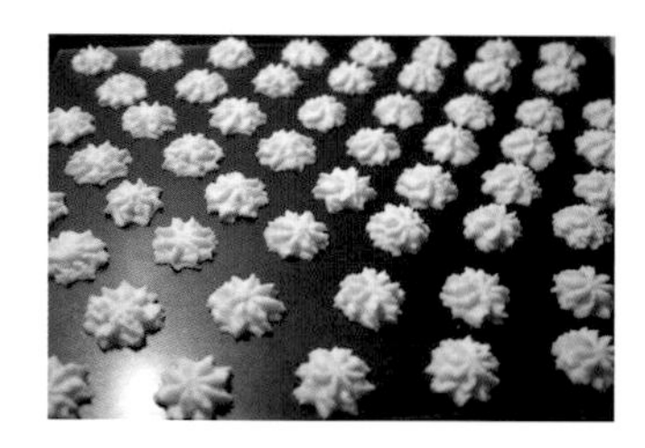

11 出爐後的餅乾就這樣放著冷卻後，再密封保存即可。

12 曲奇兵團出現！一共3盤烘烤完成。

餅乾小教室：

* 帕馬森起司，法文又稱作 Parmesan，有起司之王之稱。具有特殊的奶香氣，鹹香口味讓迷你曲奇停不了口。

* 曲奇餅乾迷人的地方是它酥鬆的口感，入口即融的綿密令人無法擋。市面上各式各樣擄獲人心的口味不斷推新，學會了在家裏動動手，任何時候都可以完勝市售。

伯爵茶曲奇餅乾

在略微疲憊的午後，不妨用伯爵獨特的佛手柑香氣撫慰你的心靈吧！

材料

無鹽發酵奶油……… 240g
純糖粉……………… 130g
鹽………………………… 1g
全蛋………………… 50g
香草豆莢醬………… 少許
低筋麵粉…………… 345g
伯爵茶包…………… 15g

麵糊類

份量
約 28 塊

事前準備

* 烘烤前烤箱以 190° 預熱。
* 擠花袋、擠花嘴備用。
* 奶油於室溫下放至軟化。

作法

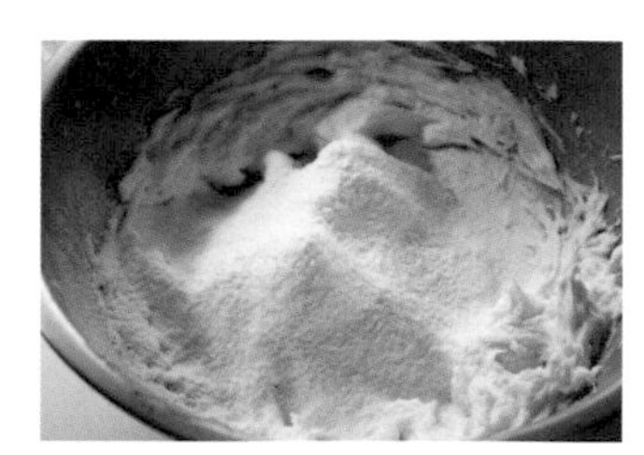

1 軟化的奶油攪打至絨毛狀後，加入過篩的純糖粉、鹽、香草豆莢醬，繼續攪打至蓬鬆。

Tips：糖粉攪打時先以慢速操作，以免糖粉四處飛散。

2 分次加入置於室溫下的全蛋，加入時一邊攪打至蛋汁完全被吸收。

3 篩入混合伯爵茶茶葉的麵粉。

4 利用橡皮刮刀以切拌的方式將材料混合。

5 粉類用量比較多，可分次操作。

6 將完成後的餅乾麵糊裝入擠花袋中。擠花嘴型號為SN7131。

7 將餅乾麵糊擠在鋪有烘焙紙的烤盤上。送入烤箱以190℃烘烤約20～25分鐘。

Tips：中途將烤盤轉向，幫助受熱平均。

8 烘烤至15分鐘時，端出來檢查。

9 切1個看看，中心位置有些尚呈現生粉狀，繼續送回烤箱烘烤。

10 烘烤至23分鐘時，熄火後燜約3～5分鐘出爐。

11 餅乾的紋路呈現菊花狀。

12 再檢查一下餅乾的內部，確認已完全烤乾。

13 將出爐的餅乾放置冷卻後，即可密封保存。

餅乾小教室：
伯爵茶給人一種具紳士名伶的優雅感，利用擠花嘴擠出優雅的造型，名符其實的完美。
擠花的方式不同，獲得的樣式也相異，試試看不一樣的擠花方式，畫圈或者直線向上擠收幾回，會有不一樣的成就感喔！

貝殼曲奇焦糖牛奶巧克力餅乾

精巧的貝殼型曲奇餅乾，再搭配上一杯溫熱的伯爵茶，就是生活中最愜意的享受了。

材料

麵糊類

份量
約 35 ~ 40 片

無鹽發酵奶油……… 150g
純糖粉……………… 70g
鹽………………………… 1g
全蛋蛋汁…………… 40g
低筋麵粉…………… 200g
全脂奶粉…………… 10g
香草豆莢醬………… 少許

裝飾：

焦糖牛奶巧克力…… 50g
杏仁角……………… 50g

事前準備

* 烘烤前烤箱以 170℃ 預熱。
* 杏仁角以 150℃ 預熱的烤箱烘烤約 7 ~ 10 分鐘。
* 奶油於室溫下放至軟化。
* 擠花袋、擠花嘴備用。

作法

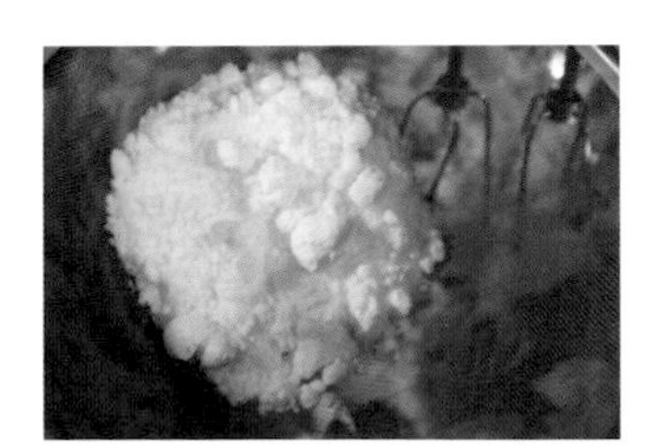

1 軟化的奶油放入鋼盆，以中速攪打至絨毛狀，篩入混合後的純糖粉和鹽繼續攪打均勻。

2 奶油糊攪打至泛白。

3 分次加入全蛋蛋汁、香草豆莢醬，以中高速攪打讓蛋汁吃進奶油糊中。

4 過程中記得刮缸，讓材料更融合。

5 接著篩入低筋麵粉、全脂奶粉 。

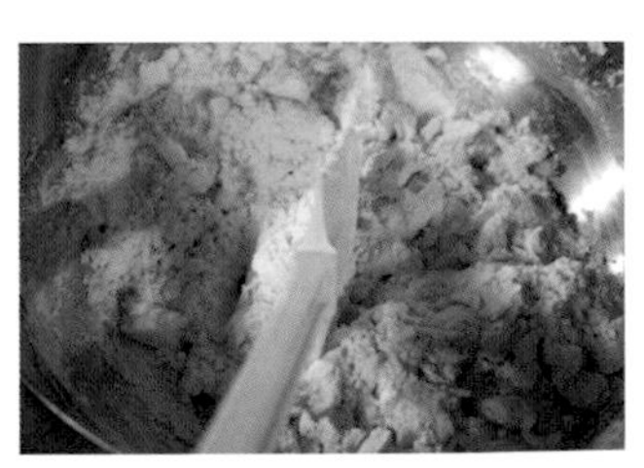

6 用橡皮刮刀將粉類切拌在奶油蛋糊中。

7 慢慢將所有的材料切拌混合均勻。一邊切拌，一邊檢查，材料全部攪拌均勻即停手。

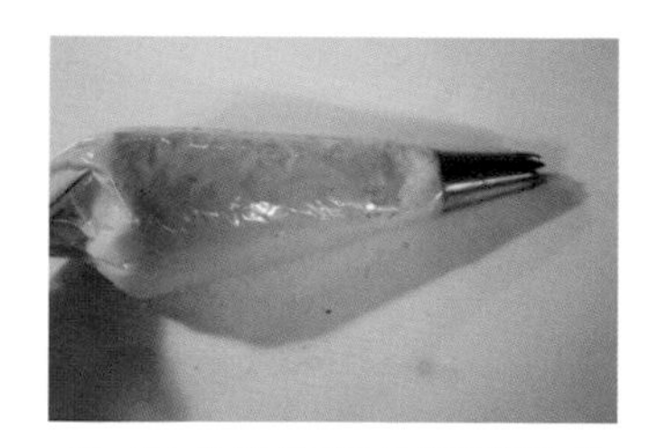

8 完成後將餅乾麵糊裝入套上擠花嘴的擠花袋中。擠花袋建議用比較勇健款的，否則擠沒多久餅乾麵糊就會衝出擠花袋。

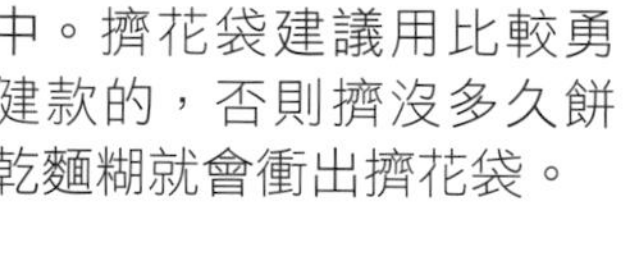

Tips：現在的多元酯可重複使用擠花袋，比以前容易洗淨。

9 擠花嘴是8齒，型號為SN7093。

10 將餅乾麵糊擠出。先將擠花嘴以45度角的方式，在烤盤上擠出貝殼的胖胖底。

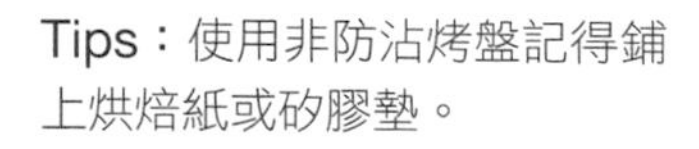

Tips：使用非防沾烤盤記得鋪上烘焙紙或矽膠墊。

11 擠出理想中的貝殼底大小後，慢慢地將擠花嘴往後拖拉（不出力擠）。

12 達到適當大小的貝殼長度時，就能收手離開。

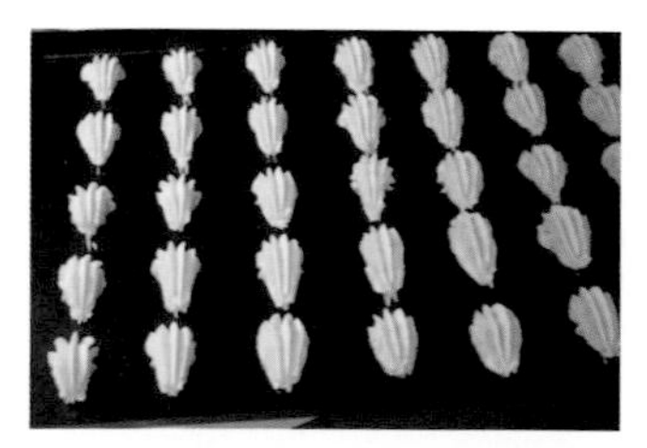

13 完成後的麵糊擠花。烤盤送入烤箱以170℃烘烤約15分鐘，熄火後燜約3分鐘。

Tips：中途視烤箱特性，將烤盤轉向幫助餅乾受熱。

14 餅乾出爐囉！讓餅乾在烤盤內冷卻後就可以裝飾了。

15 利用剩餘的麵糊擠花來比較一下。是不是擠得圓一點、小一點，烘烤出來的餅乾線條比較明顯？

16 小圓餅乾形狀比較立體。

17 大圓餅乾形狀比較扁平。

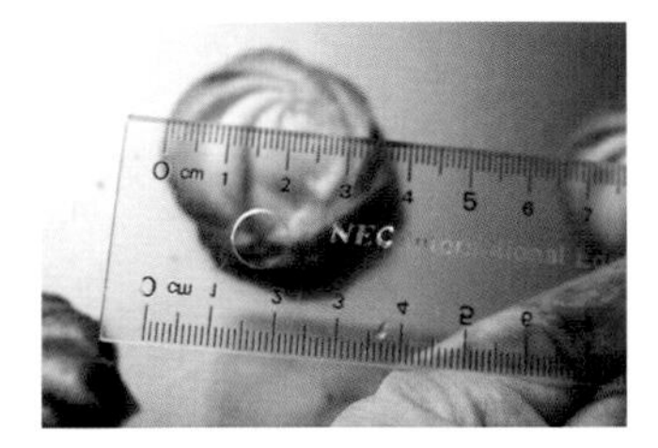

18 餅乾的直徑大約在3～4公分左右比較剛好。

19 裝飾。巧克力放入容器隔熱水融化，餅乾沾附巧克力，撒上杏仁角。完成後將餅乾放在烘焙紙上冷卻凝固。

20 可愛且好吃的曲奇餅乾完成。

貼心叮嚀：餅乾使用糖粉是因為比較好融化，縮短操作時間。某些特定的甜點像是塔皮類或是冰箱西餅，多使用糖粉，避免砂糖融化不全。

餅乾小故事：貝殼造型餅乾深獲閨蜜好姊妹喜愛，還特別在她的教會活動上烘烤給60位教友品嘗而大獲好評。

巧克力馬蹄擠花餅乾

造型小巧的馬蹄餅乾搭配上濃郁的巧克力香氣和碎堅果，絕對是一場滿足口腹之慾的美妙盛宴。

材料

無鹽發酵奶油………	155g	無糖可可粉…………	30g
純糖粉………………	60g		
鹽………………………	1g	**裝飾：**	
香草豆莢粉…………	少許	牛奶巧克力…………	適量
動物鮮奶油…………	18g	開心果碎……………	適量
低筋麵粉……………	180g		

麵糊類

份量
約 20 ～ 24 片

事前準備

* 烘烤前烤箱以 180℃ 預熱。
* 擠花袋、擠花嘴備用。

作法

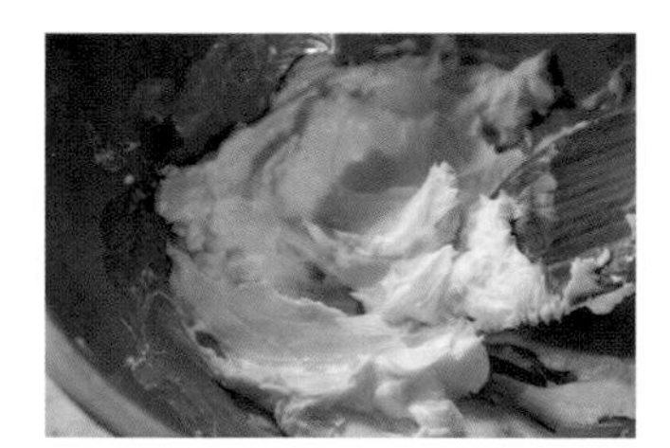

1 室溫下的奶油利用木匙將其在盆中攪拌軟化。

2 篩入純糖粉、鹽。

Tips：純糖粉容易結粒，必須過篩後使用。

3 利用木匙將純糖粉、鹽攪拌勻。

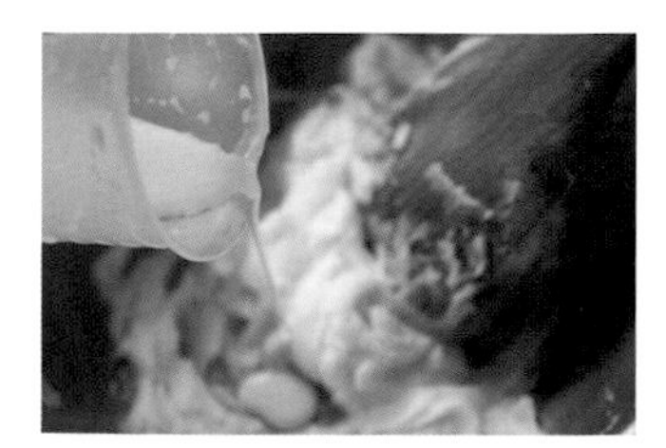

4 分次加入動物鮮奶油，同時利用木匙拌勻。整個過程都用木匙即可，不需要打發。

5 篩入混合過後的粉類。

6 利用軟質橡皮刮板將盆中材料拌合。剛開始會有點乾，但很快就會改善。

7 攪拌完成的狀態。

Tips：麵糊中的水分極少，整體具有濃稠感是正常。

8 剛開始練習擠花時，可以先裝入一半量的麵糊於擠花袋，以方便手掌握起及施力為考量。

Tips：擠麵糊時，擠花嘴跟烘焙紙（或矽膠墊）保持 1 公分距離。

9 擠入鋪上烘焙紙的烤盤上。注意馬蹄的形狀不能太大，否則烤出來的餅乾會攤得太開。

10 將擠好的餅乾麵糊放入烤箱以180℃烘烤約15 ~18分鐘。待餅乾出爐完全冷卻後再進行裝飾。

11 裝飾的部分很簡單，將巧克力融化後沾上，再沾附切碎的堅果即可。

12 可以比較一下，右下型號是用M1（6齒）擠出來的，隔壁的兩枚是用型號SN7113（10齒）擠出來的。

Tips：齒多齒少都要多多練習，餅乾烤出來才有立體感。

餅乾小教室：花嘴的使用也是一門獨特的學問，唯有多多練習才能得到更多的經驗心得。擠著馬蹄形的花樣時，突然想起「向左」、「向右」、「向下」、「向上」，要不要也來測一下視力！

抹茶花環擠花餅乾

彷彿踏上了青色的草地，抹茶的翠綠和杏仁的爽脆口感是否讓你感到耳目一新了呢？

材料

無鹽發酵奶油	140g
純糖粉	80g
鹽	1g
蛋黃	40g
低筋麵粉	185g
日系抹茶粉	10g

裝飾：

杏仁粒	適量
蛋白液	少許

麵糊類

份量
約 30 片

事前準備

* 奶油和蛋黃需在室溫下製作。
* 烘烤前烤箱以 150℃ 預熱。
* 擠花袋、擠花嘴備用。

作法

1 室溫下軟化的奶油攪打至絨毛狀後，篩入純糖粉、鹽攪打均勻。

2 大約需要2～3分鐘的攪打時間，過程中記得刮缸幫助攪打均勻。

3 接著加入蛋黃繼續攪打至乳化，讓蛋黃完全融合於奶油糊中。

4 奶油加入蛋黃攪打後產生乳化，蓬鬆感出現。

5 篩入混合過後的粉類並拌勻。

6 利用橡皮刮板將材料以切拌方式拌合成團。

7 使用10齒擠花嘴。

8 花嘴的花形。

9 麵糊裝入非拋棄式擠花袋，擠在烘焙紙或矽膠墊上。

Tips：擠花餅乾的麵糊水分較少，擠製時力道較重，拋棄式擠花袋容易破裂，不建議使用。 擠麵糊時，擠花嘴跟烘焙紙（或矽膠墊）保持1公分距離。

10 擠花麵糊放上杏仁粒按壓住，在麵糊處抹上少許的蛋白液再放上堅果，烘烤後比較不容易脫落。烤盤送入烤箱以150℃烘烤25～30分鐘。

Tips：使用低溫烘烤的原因是為了保持抹茶顏色的完整度。中途視家中烤箱特性，將烤盤轉向幫助受熱上色。

11 餅乾出爐後，在烤盤上冷卻至室溫後密封保存即可。

餅乾小教室：吃重力可以用在擠花餅乾麵糊上來形容，信不信？擠花餅乾中的水分極少，才能擠出美麗的線條，並在烘烤後仍保持形體。再來，工具很重要。擠花袋最好是可重複使用的，否則擠花時會有哀嚎聲，甚至導致麵糊衝出擠花袋。有了臂力和工具，那我們就來做擠花餅乾吧！

果醬奶酥餅乾

甜甜蜜蜜的果醬結合奶酥的香氣，每一種搭配都是獨一獨二的美味！

材料

無鹽發酵奶油	110g
細砂糖	55g
鹽	1g
全蛋	55～60g
低筋麵粉	120g
奶粉	30g
果醬	適量

麵糊類

份量
約 12 片果醬奶酥，10 片小奶酥

事前準備

* 奶油和全蛋需在室溫下製作。
* 烘烤前烤箱以 170°C 預熱。
* 擠花袋、擠花嘴備用。

作法

1 室溫下軟化的奶油加入細砂糖、鹽一起攪打至篷鬆柔軟。

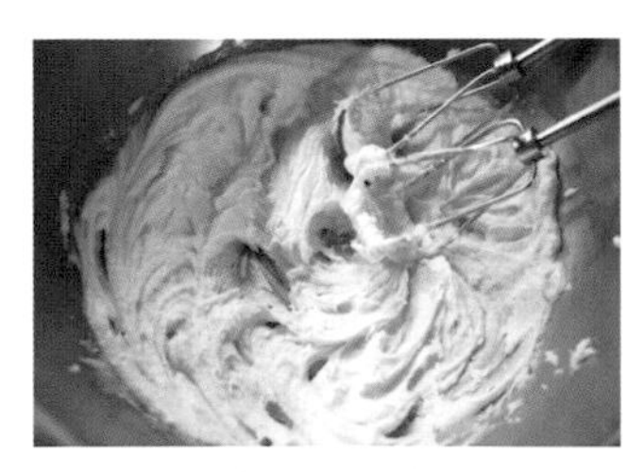

2 過程中記得刮缸，幫助攪打均勻。

3 全蛋蛋汁分次加入奶油糊中拌勻。

4 粉類混合後篩入盆中攪拌均勻。

5 利用橡皮刮板將材料拌合均勻，裝入套上擠花嘴的擠花袋中，擠花嘴為8齒花嘴。擠麵糊時，擠花嘴跟烘焙紙(或矽膠墊)保持1公分距離。

6 麵糊擠在烘焙紙或是矽膠墊上。餅乾中心的空洞要再擠一點補平，這樣果醬才不容易外漏，需留意餅乾不宜擠太大圈，否則烘烤後會攤開變薄。

7 果醬裝入擠花袋，擠在餅乾麵糊的空心位置。烤盤送入烤箱以170℃烘烤25～30分鐘。

Tips：中途視家中烤箱特性，將烤盤轉向幫助受熱上色。

8 剩下的麵糊擠成小小朵不入餡，烘烤時間則需要縮短些，請注意。

9 餅乾出爐囉！出爐後的餅乾等到冷卻至室溫後，以密封罐保存。

餅乾小故事：婚禮小物是現代婚禮必備的小確幸，喜宴上擺著1個小紙盒綁上緞帶，婚禮司儀說是新人準備給賓客的果醬，希望大家甜甜蜜蜜的討吉利。帶回家後把1小罐的甜蜜擠入餅乾麵糊裏烤成奶酥餅乾，讓甜蜜延伸！

香草曲奇擠花奶油酥餅

典雅的擠花造型搭配酥脆口感，一嘗在舌尖緩緩融化的美妙滋味！

材料

無鹽發酵奶油……… 150g
純糖粉……………… 45g
鹽………………………… 1g
香草豆莢粉………… 適量
低筋麵粉…………… 150g
玉米粉……………… 50g

麵糊類

份量
約 26 片

事前準備

* 奶油於室溫中放至軟化。
* 烘烤前烤箱以 170℃ 預熱。
* 擠花袋、擠花嘴備用。

作法

1 奶油攪打至絨毛狀，加入過篩後的純糖粉、鹽繼續攪打至奶油泛白。

2 篩入混合過後的粉類，以橡皮刮刀切拌。混合成團的過程會有點吃力，請慢慢操作。

3 配方中添加玉米粉是為了與麵糊中的水分結合，阻斷麵筋形成，讓酥餅入口後在舌尖融化。

Tips：不過要注意的是修飾澱粉也不能添加太多，以免導致餅乾崩裂（水分被吸光）。

4 攪拌完成的麵糊。

5 裝入套上擠花嘴的擠花袋中，擠花袋為非拋棄式，花嘴為8齒花嘴。

Tips：擠麵糊時，擠花嘴跟烘焙紙（或矽膠墊）保持1公分距離。

6 麵糊擠在矽膠墊上。完成後將矽膠墊放在烤盤上送入烤箱以170℃烘烤20～25分鐘，熄火後燜約7～10分鐘出爐。

Tips：中途視家中烤箱特性，將烤盤轉向幫助受熱上色。

7 餅乾出爐囉！出爐後的餅乾冷卻後密封保存。

8 這樣有沒有更充足的信心來擠花？

餅乾小教室：香草是烘焙產品中的靈魂，14 世紀在墨西哥東岸栽種，由蜜蜂授粉。當時香草被視為高價值的物品，還被阿茲特克人作為征戰的獻禮。香草得先洗過再乾燥，總共要費時 9 個月，因此價格不斐。少許的香草加持，就可以讓烘烤出來的餅乾滿室生香。

Chapter
03

好做又好吃，百搭的禮物

美式餅乾×冰箱餅乾

因為一位女士不小心把巧克力放在餅乾麵團上的美麗錯誤，
讓堅果類食材與麵粉有了新的火花。
另外，別以為只有烤箱可以幫你做出香噴噴的餅乾，
冰箱，也可以是你烘焙路上的好幫手。

巧克力豆夏威夷果仁餅乾

脆脆的夏威夷果仁，再點綴濃郁巧克力豆，豐富味道、精彩口感，一次滿足！

材料

麵糊類

無鹽發酵奶油	100g
細砂糖	45g
三溫糖	30g
鹽	1g
全蛋蛋汁	55g（1 顆）
低筋麵粉	120g
無鋁泡打粉	2g
水滴巧克力豆	100g
夏威夷果仁	40g

份量
約 16 片

事前準備

* 奶油、全蛋需在室溫下製作。
* 烘烤前烤箱以 180℃ 預熱。
* 夏威夷果仁以半粒為宜。

作法

1 室溫下奶油攪打至絨毛狀，加入糖、鹽，繼續打勻。過程中記得刮缸，讓所有材料均勻被操作。

2-1 全蛋蛋汁打散後，分次加入奶油糊中攪打均勻，吸收較容易。

2-2 記得刮缸。

3 剩餘的蛋汁繼續慢慢加入攪打。

4 完成後的奶油蛋糊。

5 篩入混合後的粉類，利用刮刀以切拌的方式將大致材料混合。

6 水滴巧克力豆加入後攪拌均勻。

7 夏威夷果仁加入拌勻，完成餅乾麵糊。

8 利用2支湯匙幫忙將麵糊舀放在鋪有烘焙紙的烤盤上，每片約33～34公克量。完成後送入烤箱，以180℃烘烤大約20～25分鐘。

Tips：中途視家中烤箱特性將烤盤轉向幫助受熱上色。

貼心叮嚀：每個烤箱品牌、機型不同，所需的烘烤時間也會有差異，必須以自己家裏烤箱狀態加以調整。

美式胡桃巧克力餅乾

巧克力豆的加入，讓原本柔軟的餅乾口感更上一層，加上胡桃帶來的堅果口感與香氣，吃下口的瞬間，馬上就能開懷。

材料

麵糊類

材料	份量	材料	份量
無鹽發酵奶油	115g	中筋麵粉	165g
細砂糖	75g	玉米粉	10g
二砂糖	85g	小蘇打粉	3g
鹽	1.5g	水滴巧克力豆	100g
全蛋	55g	胡桃碎	135g
香草豆莢醬	適量		

份量
約 23 片

事前準備

* 奶油於室溫下放至軟化。
* 烘烤前烤箱以 165℃ 預熱。

作法

1 待奶油在室溫下軟化至狀態似膏狀，利用木匙即可操作時，就可以開始。糖、鹽、香草豆莢醬，全部加入奶油盆中拌勻。

2 全蛋打散並充分拌勻後，再將蛋液分次加入作法1中拌勻，讓蛋汁完全被吸收。

3 篩入混合過後的粉類並略微攪拌。

4 巧克力豆和胡桃碎加入拌勻成團。

5 完成後的麵團，整盆放入冰箱冷藏30分鐘。

6 取出冷藏半小時後的麵團，以每份35公克的重量揉圓整形放在烤盤上，再次冷藏30分鐘後，以165℃烘烤大約25～28分鐘。

7 餅乾出爐囉！餅乾在烤盤上冷卻至室溫後密封保存。

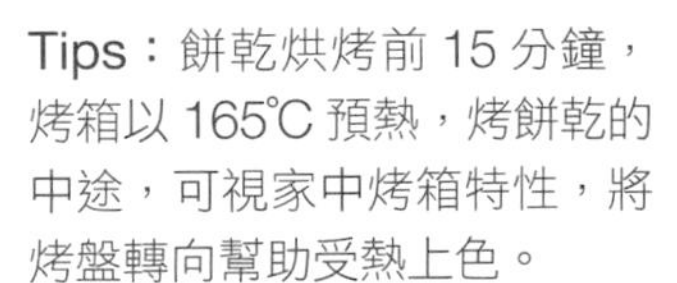

Tips：餅乾烘烤前 15 分鐘，烤箱以 165℃ 預熱，烤餅乾的中途，可視家中烤箱特性，將烤盤轉向幫助受熱上色。

貼心叮嚀：玉米粉為玉米澱粉，不同於玉米麵粉，請注意。
餅乾小教室：烤盤若非防沾，烘烤前須鋪上烘焙紙。

抹茶燕麥椰絲酥餅

在我的生活裏，這道餅乾串起了朋友間的好感情，也希望你能動手做，拉近家人和朋友間的距離。

材料

麵團類

材料	份量	材料	份量
無鹽發酵奶油	135g	燕麥片	100g
細砂糖	25g	無糖椰子粉	100g
三溫糖	65g	低筋麵粉	130g
楓糖漿（可使用蜂蜜取代）	25g	抹茶粉（日系抹茶粉）	8g
鹽	1g	小蘇打粉	5g

份量
約 28 片

事前準備

* 烘烤前烤箱以 165°C 預熱。
* 奶油於室溫下放至軟化。

作法

1 室溫下軟化奶油打軟，加入糖、鹽、楓糖漿攪打至發白。

2 過程中記得要刮缸，可讓奶油糊在攪打過程中更均勻，大約需要3～5分鐘的時間。

3 打入的空氣讓奶油糊變得輕盈蓬鬆，餅乾口感相對酥鬆。

4 加入椰子粉。

5 燕麥片加入，將材料盆拌勻。

6 抹茶粉、低筋麵粉、小蘇打粉混合後篩入，以橡皮刮板將材料以切拌方式拌勻。

7 麵團以20公克為1份搓圓，放在烤盤上略為按壓整形，完成後送入烤箱以165℃烘 烤25分 鐘， 熄火後燜約3分鐘。

Tips：中途視家中烤箱特性將烤盤轉向，幫助受熱上色。

8 餅乾出爐囉！餅乾在烤盤冷卻後密封收納。

餅乾小教室：日系抹茶粉有著濃郁的茶香氣，搭配具有口感的椰子粉一起烘烤，抹茶為主椰子為輔相得益彰。在家烘焙也能享有不同風味的餅乾選項。
貼心叮嚀：麵團不需鬆弛即可整形烘烤，採用低溫烘烤方式能保有抹茶的色澤及風味。

蘭姆葡萄杏仁角餅乾

蘭姆葡萄乾作法簡單，只需將葡萄乾泡在蘭姆酒裏就能完成。
醃漬後的葡萄乾風味更為香甜，是百搭款食材。

材料

無鹽發酵奶油	140g	小蘇打粉	4g
細砂糖	165g	杏仁角	250g
鹽	1g	蘭姆葡萄乾	60g
全蛋蛋汁	60g		
低筋麵粉	230g		
無鋁泡打粉	5g		

麵糊類

份量
約 45 片

事前準備

* 奶油和雞蛋在室溫下製作。
* 葡萄乾先以 10g 蘭姆酒浸泡。
* 杏仁角先以 150℃ 預熱過的烤箱烘烤約 15 分鐘後放涼。

作法

1 室溫下奶油打軟至絨毛狀，加入細砂糖、鹽繼續攪打至變白。

2 攪打過程中可以看出來變化，奶油糊變得比較蓬鬆。記得刮缸幫助攪打均勻。

3 全蛋蛋汁打散後，以逐次逐量的方式加入，讓蛋汁完全吃進奶油糊中。

4 篩入混合過後的粉類。

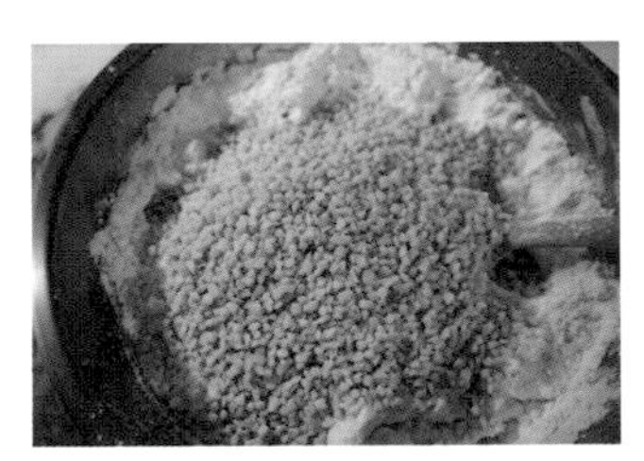

5 加入杏仁角，以橡皮刮板略為拌壓成團。

6 加入蘭姆葡萄乾，以橡皮刮板拌勻成團。

7 完成後蓋上保鮮膜放入冰箱冷藏約30分鐘。

Tips：烘烤前 10 ～ 15 分鐘，烤箱以 175℃ 預熱。

8 麵團以每份約20公克的大小分切、滾圓，放在烤盤按壓成圓片，送入烤箱以175℃烘烤18 ～20分鐘。

Tips：中途視家中烤箱特性將烤盤轉向幫助受熱上色。

9 餅乾出爐囉！蘭姆葡萄乾的香氣滿滿讓餅乾的香氣加分許多。出爐後的餅乾在烤盤中降溫至室溫後密封保存。

蔓越莓燕麥餅乾

蔓越莓加上燕麥是美式餅乾中的經典，香料粉的添加讓風味更具層次感。曾經讓海外朋友想念的餅乾口味值得珍藏。

材料

材料	份量	材料	份量
無鹽發酵奶油	227g	無鋁泡打粉	2g
細砂糖	100g	肉桂粉	1/2 小匙
初階金砂糖	100g	薑粉	1/2 小匙
全蛋	2 顆	鹽	2g
香草豆莢醬	1/4 小匙	燕麥片	200g
中筋麵粉	150g	蔓越莓乾	170g
玉米粉	25g		

麵團類

份量
約 35 片

事前準備

* 烘烤前烤箱以 165℃ 預熱。

作法

1 室溫下的奶油以中速攪打至絨毛狀後，加入細砂糖、初階金砂糖、香草豆莢醬繼續攪打均勻。

2 1次1個蛋的加入奶油糊中，先以慢速，再轉中快速攪打，讓蛋吃進奶油糊中。

3 第2個蛋加入，也是同樣的方式操作。

4 篩入混合過後的粉類及鹽，利用橡皮刮刀將材料拌合。

Tips：鹽加入的時機沒有特定，可在加入糖攪打時一起加入。

5 加入燕麥片於材料盆中拌勻。

6 放入蔓越莓乾拌均勻。

7 用橡皮刮板將材料攪拌均勻成團。

8 以每份大約30公克的麵團揉擀好，再放在鋪有烘焙紙的烤盤上。

9 麵團略為輕輕壓扁後送入烤箱，以165℃烘烤約20～25分鐘。出爐後在烤盤中降溫至室溫後，密封保存。

Tips：中途視家中烤箱特性將烤盤轉向幫助受熱上色。

餅乾小教室：少許薑粉可以提升餅乾風味，肉桂粉也可以依據個人口味增減份量。

堅果巧克力薩瓦琳餅乾

薩瓦琳蛋糕的特色是甜甜圈造型，中間灌入融化巧克力，現在來把蛋糕造型縮小成餅乾款，有了堅果加持，口感完勝蛋糕。

材料

麵團類

份量
約 30 顆

無鹽發酵奶油……… 110g
糖粉………………… 60g
鹽…………………… 1g
蛋黃………………… 40g
香草豆莢醬………… 適量
低筋麵粉…………… 165g
蛋白………………… 40g
核桃碎或杏仁粒 65 ～ 80g
巧克力……………… 30g

事前準備

* 烘烤前烤箱以 175℃ 預熱。
* 奶油於室溫下放至軟化。
* 雞蛋若已冷藏，需放至與室溫相同再使用。

作法

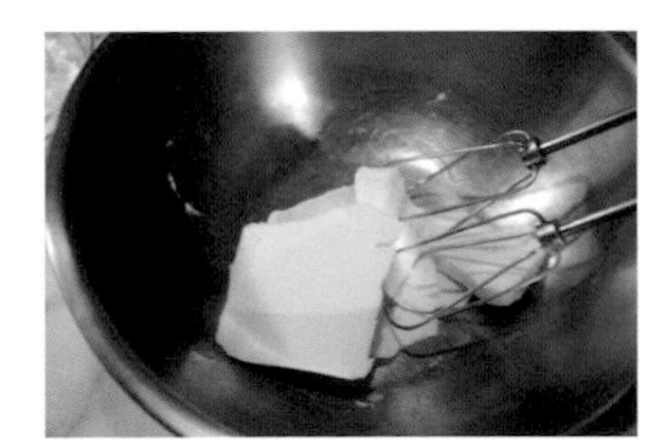

1 奶油在室溫下軟化，以中速攪打至絨毛狀。

2 加入糖粉、鹽、香草豆莢醬，繼續以中速攪打至奶油糊變白。

3 記得刮缸，幫助盆邊材料打發程度一致。

4 打至奶油糊呈現鬆發狀態即可。

5 1次1顆蛋黃慢慢加入繼續打發，要讓蛋黃吃進奶油糊中。

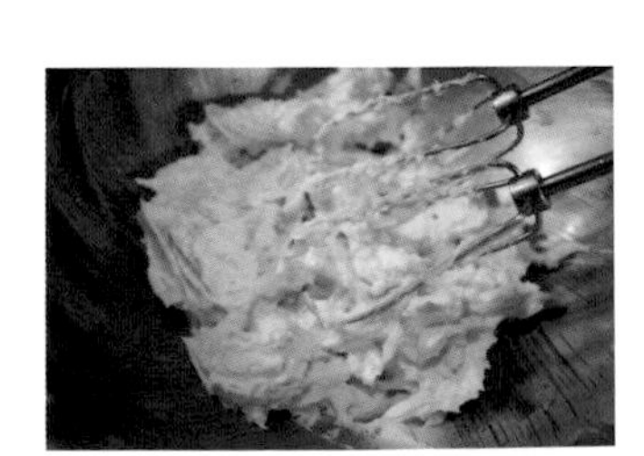

6 經過攪打後奶油糊體積變大，卻很輕盈。

7 篩入低筋麵粉。

8 利用橡皮刮板將材料拌合成團。

9 準備好蛋白和核桃碎。

10 麵團以每份約12公克大小分切再搓圓，沾上蛋白液再滾上堅果碎，放在鋪有烘焙紙的烤盤上，放入烤箱以175℃烘烤20分鐘。

11 烘烤到10分鐘時將烤盤取出，以圓形器具在麵團中心輕輕按壓。完成後送回烤箱繼續烘烤至完成。出爐後冷卻再行裝飾。

12 巧克力放入擠花袋中泡熱水融化，剪1個小洞後即可將巧克力擠入餅乾。

13 融化後的巧克力擠入餅乾凹槽中，利用牙籤將巧克力輕輕攪拌均勻。

Tips：不建議用震的來讓巧克力均勻，會讓堅果也掉下來。

貼心叮嚀：橡皮刮板是餅乾麵團整形成團的好幫手，同時可以避免使用電動攪拌器攪拌過度，影響成品口感。

香草榛果餅乾

不太費力氣的餅乾，如果冰箱裏已經有了事先準備好的麵團，那更是省時，忙碌的時候也能做的好吃餅乾。

材料

無鹽發酵奶油	180g	榛果	50g
糖粉	80g	低筋麵粉	200g
鹽	2g	杏仁粉	40g
蛋白	15g		
香草豆莢醬	適量		

麵團類

份量
約 30 片

事前準備

* 奶油於室溫下放至軟化。
* 榛果以 160℃ 預熱烤箱後烘烤 10 分鐘後敲碎。
* 烘烤前烤箱以 170℃ 預熱。

作法

1 室溫下奶油打軟後篩入糖粉、鹽、香草豆莢醬，繼續攪打至絨毛狀。

2 加入蛋白後，徹底與奶油糊一起攪打均勻。

3 加入濕性材料，要像添加蛋汁般，確認蛋白液吸收入奶油糊中。

4 加入烘烤過後且敲碎的榛果拌勻。

5 接著篩入低筋麵粉、杏仁粉。

6 杏仁粉若篩不過去沒關係，直接加入即可，用橡皮刮板拌勻。

7 完成後的餅乾麵團移至慕斯框中定型，上層蓋上保鮮膜後入冰箱冷藏約2小時。

Tips：記得先放托盤，以慕斯框包覆保鮮膜，比較好移動。慕斯框大小為10吋正方形。

8 將冷藏後的麵團除去慕斯框。

Tips：麵團若以冷凍方式保存，需先解凍後操作。

9 麵團分割一半後再切約厚度1公分大小的餅乾生團。

Tips：麵團切割後，四周若呈鬆散狀，可以用手稍微整形至平整。

10 餅乾麵團平均鋪放在墊有烘焙紙的烤盤上。將烤盤送入烤箱以170℃烘烤20～25分鐘。

11 中途觀察顏色和餅乾會發現熟度均不到位，可將烤盤轉向後再次放回烤箱繼續烘烤。

12 餅乾出爐囉！烘烤約25分鐘後熄火燜約5～7分鐘完成。直接在烤盤上冷卻即可。

餅乾小教室：杏仁粉的添加可帶來細膩的享受，因為它富含脂肪，有助於使烘焙的產品保濕及口感酥鬆。杏仁粉的用量可以在餅乾、蛋糕或鬆餅等配方中，以10%～20%取代麵粉的用量。

黑糖肉桂杏仁餅乾

黑糖（紅糖）是指沒有經過完全精煉及未經離心分蜜的帶蜜蔗糖，具有獨特風味。除了沖泡飲用之外，更適合製作點心使用。

材料

材料	份量
無鹽發酵奶油	120g
黑糖（紅糖）	80g
細砂糖	25g
鹽	0.5g
低筋麵粉	215g
肉桂粉	5g
小蘇打粉	1g
杏仁片	115g
鮮奶	40 ～ 45g

麵團類

份量
約 32 片

事前準備

* 奶油於室溫下放至軟化。
* 烘烤前烤箱以 165℃ 預熱。

作法

1 奶油在室溫下軟化後加入兩種糖、鹽，攪打至奶油顏色發白。

Tips：加入黑糖可能會不好分辨顏色，可以奶油蓬鬆度及糖鹽融化的程度作為判斷。

2 篩入混合過後的粉類。

3 利用橡皮刮板將材料以切拌方式拌合，可同時加入鮮奶一起幫忙，因為麵團濕性材料少，比較乾。

4 杏仁片加入一起拌合成型成團。

5 模型內先放好保鮮膜，將完成的麵團塞進模型中。包覆完畢放入冰箱冷凍至呈現硬的狀態。

Tips：直角 U 型模型的尺寸：35x3.5x3.5 公分。

6 完成冷凍的麵團。烤箱以165℃預熱。

7 將麵團切片，每片厚度約0.7 ～0.8公 分。 如果麵團太硬則回溫一下，約10 ～15分 鐘 後 再 切（依天氣溫度而定）。

8 切片後的餅乾麵團排放在鋪有烘焙紙的烤盤上。烤盤送入烤箱烘烤約15 ～18分鐘。

Tips：中途視家中烤箱特性將烤盤轉向幫助受熱上色。

9 餅乾出爐囉！餅乾在烤盤上降溫冷卻後密封保存即可。

原味椰子、巧克力杏仁冰箱小西餅

鬆鬆酥酥的口感，加上搭配得宜的各種材料，不會讓你滿口充斥著奶油，其他材料的美味也能嶄露頭角。

材料

原味椰子：

無鹽發酵奶油	120g
糖粉	50g
鹽	少許
香草豆莢粉	少許
全蛋	20g
椰子粉	60g
低筋麵粉	140g
杏仁粉	30g
高筋或中筋麵粉	少許

巧克力杏仁：

無鹽發酵奶油	120g
糖粉	50g
鹽	少許
全蛋	20g
杏仁片	60g
低筋麵粉	140g
無糖可可粉	40g
杏仁粉	30g
高筋或中筋麵粉	少許

裝飾：

水	適量
砂糖	適量

麵團類

份量
各 40 塊

事前準備

* 奶油於室溫下放至軟化。
* 烘烤前烤箱以 170℃ 預熱。

作法

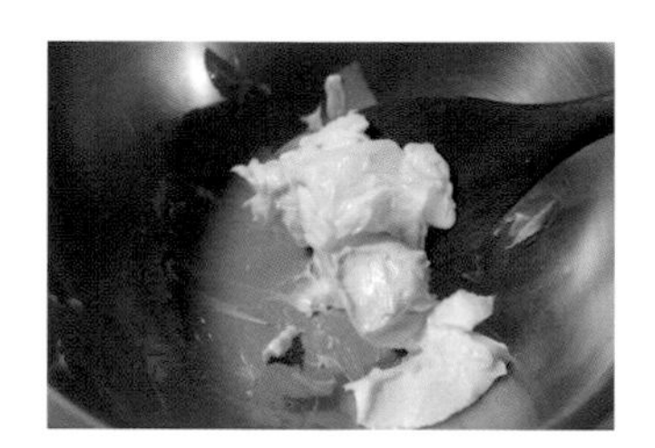

1 先做原味餅乾，室溫下軟化奶油，以木匙將奶油攪散開來。

2 糖粉、鹽、香草豆莢粉加入鋼盆中，以木匙攪拌均勻。

Tips：糖粉若是用純糖粉容易結粒，必須過篩使用。

3 加入全蛋蛋汁，利用木匙快速攪拌讓蛋汁吃進奶油糊中。

4 篩入低筋麵粉及杏仁粉後，略為攪拌。

5 椰子粉倒入盆中，接著換成橡皮軟刮板操作拌合成團。

Tips：椰子粉為原味無糖的。

6 完成後的餅乾麵團，利用保鮮膜覆蓋，並用電子秤秤出重量。

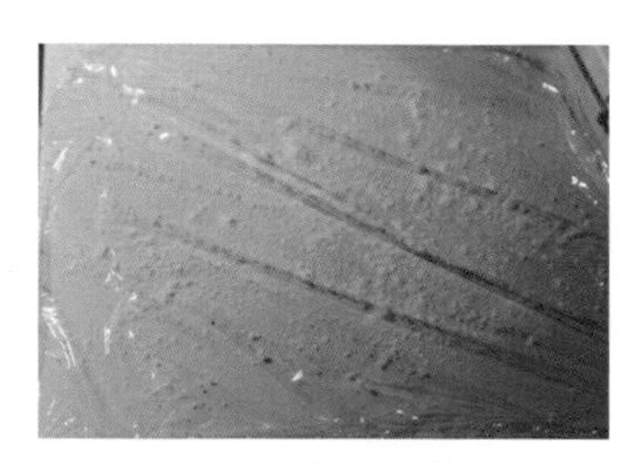

7 另取1張保鮮膜放在工作台上，撒上些許麵粉，高筋或中筋皆可。

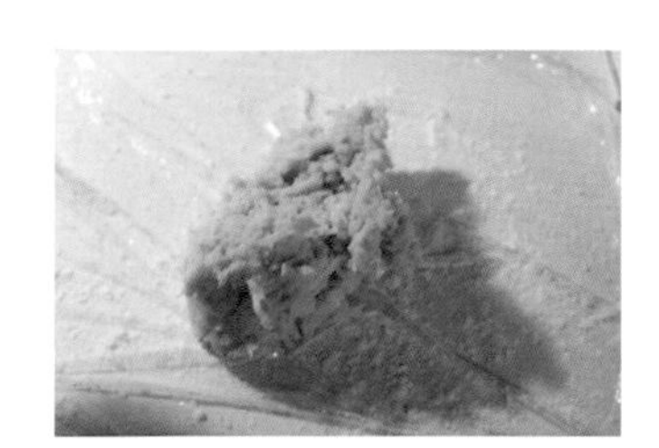

8 取一半的餅乾麵團放在保鮮膜上，整形成圓柱體。另一半麵團也用相同方式整形。

9 完成後的圓柱型麵團放在托盤上，放入冰箱冷凍約1小時後烘烤。

10 製作巧克力麵團，重複作法1到3，篩入低筋麵粉和可可粉，略為攪拌。

11 加入杏仁片，以橡皮軟刮板整形完畢。

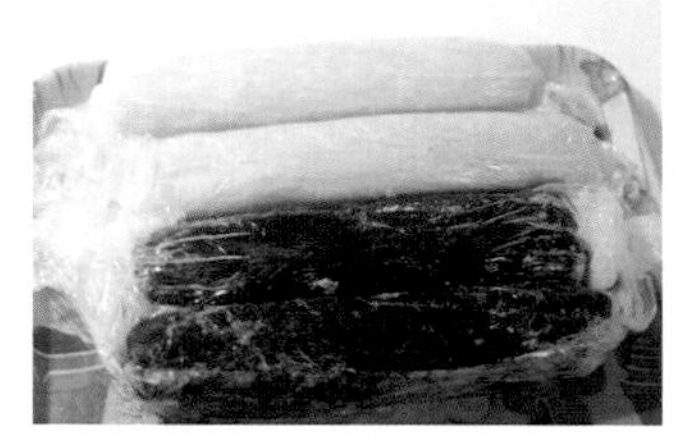

12 重複作法6到8，將麵團包覆保鮮膜，放入冰箱冷凍約1小時。

13 準備要烘烤囉！先取1條圓柱體，在麵團表面塗上清水。

Tips：另外準備 1 盤砂糖。

14 將圓柱體放在砂糖盤內滾一滾。

15 接下來切片，每片大約0. 7公分。

16 切好後放在鋪有烘焙紙的烤盤上，平均排放。放入烤箱以170℃烘烤約20～25分鐘。

Tips：中途視家中烤箱特性將烤盤轉向幫助受熱上色。

17 餅乾出爐囉！餅乾降至室溫後密封保存即可。

18 巧克力口味相繼出爐。餅乾降至室溫後密封保存即可。

19 適合下午茶的小點輕鬆完成。

餅乾小教室：

1. 冷藏／冷凍麵團放入夾鍊袋中。標籤上註明日期、配方名稱、烘烤溫度和烘烤時間幫助記憶。
2. 冷凍餅乾麵團可長達6週。冷凍時間勿過長，以免質量開始下降。

貼心叮嚀：低溫烘烤，能保持椰子原有的香氣風味。

肉桂糖奶油乳酪牛角餅乾

基本的餅乾材料加上肉桂糖，光是製作過程就能療癒人心，完成後的可愛牛角，更是討喜。

材料

無鹽發酵奶油……… 150g
奶油乳酪…………… 150g
細砂糖……………… 40g
三溫糖……………… 25g
鹽……………………… 1g
低筋麵粉…………… 240g
手粉（使用高筋麵粉）…
……………………… 少許

肉桂糖：（兩者混合即成）
細砂糖……………… 50g
肉桂粉……………… 4g

裝飾：
全蛋汁……………… 50g

麵團類

份量
約 36 個

事前準備

* 無鹽奶油和奶油乳酪於室溫下放至軟化。
* 烘烤前烤箱以 175℃ 預熱。

作法

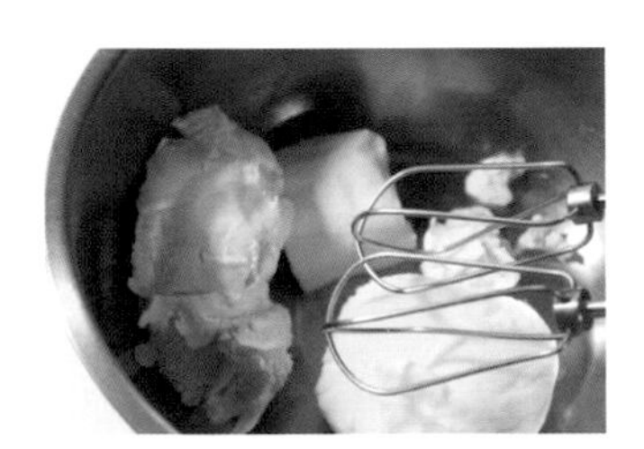

1 無鹽奶油和奶油乳酪軟化後，放在鋼盆中，攪拌器以慢速將2種材料混合均勻。

2 加入糖和鹽利用電動攪拌器以慢速將糖鹽攪打融化。

3 篩入低筋麵粉。

4 以橡皮刮板用切拌的方式將材料聚合成團。

5 完成後的麵團較黏手，可以使用些許手粉。

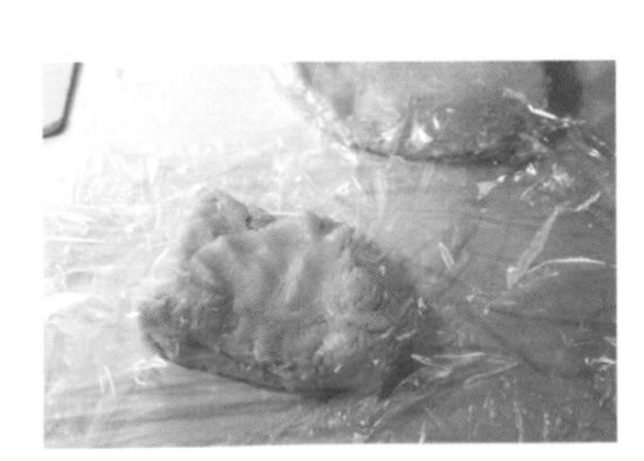

6 將麵團分割成3等份，分別以上下2張保鮮膜包覆。

7 將麵團各自稍微壓扁後放在托盤上，托盤放入冰箱冷藏至隔天使用。

8 麵團冰鎮完成後先取1份，直接隔著保鮮膜利用擀麵棍擀開，勿擀得過薄，再以8吋慕斯框壓出圓形麵皮。

9 撕去保鮮膜後將麵皮放在鋪有烘焙紙的烤盤上，撒上適量肉桂糖。

Tips：如果麵皮過軟不好撕去底部保鮮膜，可直接連同上層蓋在烘焙紙上再撕去保鮮膜。

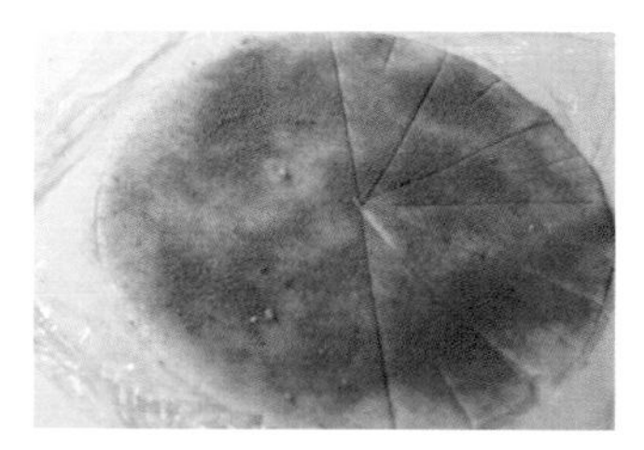

10 將麵皮分割成12等份，每1份在底邊再略為切割1道。

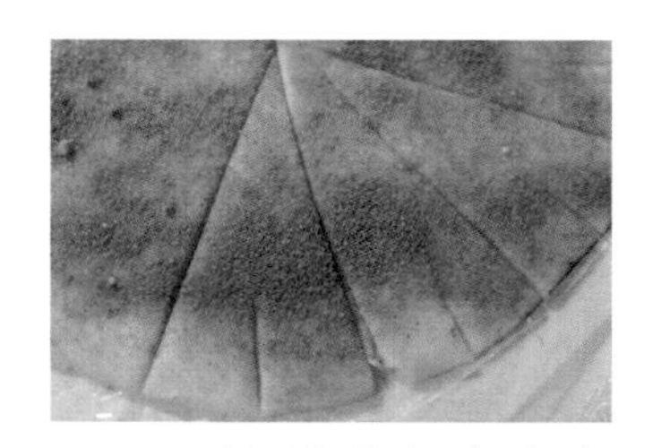

11 割1道的麵皮由中心向2側翻後，再順勢捲起。

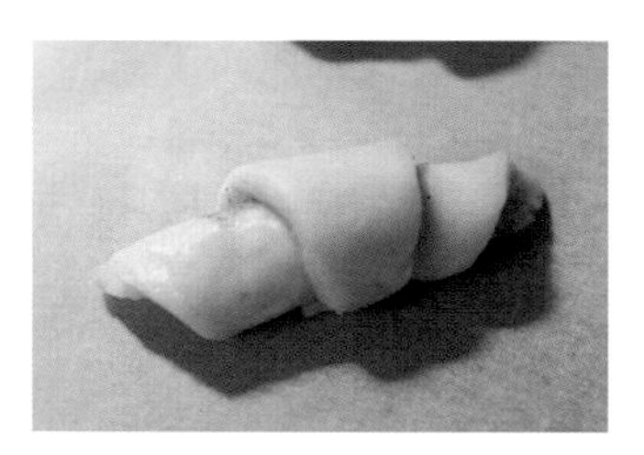

12 像牛角麵包一樣。

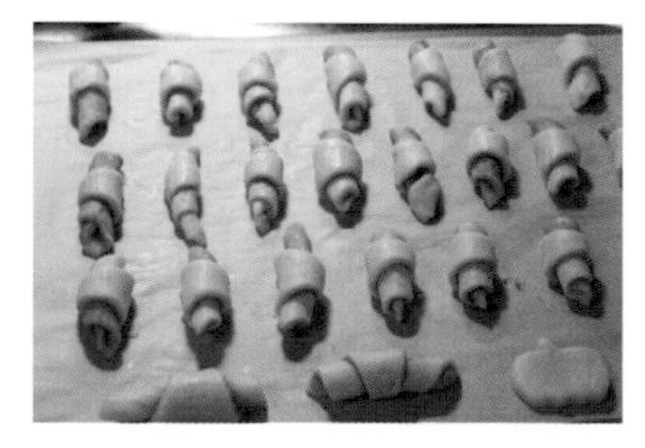

13 其餘2份麵團也以同樣方式操作。將完成後的小牛角，整盤放入冰箱冷凍約15分鐘。

14 在冷凍後的麵團上塗上少許蛋汁。

Tips：烘烤前刷蛋汁可以增加色澤及蛋香味。

15 烤盤送入烤箱以175℃烘烤約25分鐘，中途將烤盤轉向幫助受熱與上色。

16 肉桂糖小牛角餅乾出爐囉。

17 出爐後的小牛角在烤盤上降至室溫後密封保存。

餅乾小教室：肉桂來自肉桂植物的樹皮。通常被標記為斯里蘭卡或錫蘭的肉桂，是肉桂中的上品。肉桂糖在很多西式糕點中經常被使用，像是吉拿棒或甜甜圈。在烘烤之前，將肉桂糖撒在餡餅皮上，加上切碎的胡桃或核桃，就成為了經典的肉桂捲。
分享肉桂糖做法：將材料混合即成肉桂糖，並裝入密封罐中保存。
材料：細砂糖 100g、肉桂粉 8g。

瑞士蓮巧克力夾心餅乾

不同於印象中的夾心餅乾，試試看用塔皮來製作，口感不同，但受歡迎的程度不輸傳統夾心餅乾喔！

材料

麵團類

份量
6 吋 1 個

餅乾麵團：

無鹽發酵奶油………62.5g
糖粉………………… 40g
鹽………………… 1 小撮
低筋麵粉…………… 100g
全蛋蛋汁…………… 10g

內餡：

瑞士蓮巧克力片…………
……………… 10 ～ 12 片

黏合：

蛋黃………………… 1 顆
水…………………… 少許

事前準備

* 奶油於室溫下放至軟化。
* 烘烤前烤箱以 200℃預熱。

作法

1 奶油軟化後，攪打至絨毛狀後加入糖粉、鹽，繼續攪打至乳霜狀。

2 加入全蛋蛋汁需要的量攪打，讓蛋汁吸收進奶油糊中。

3 篩入低筋麵粉，利用橡皮刮板將材料以壓拌方式合成團。

4 麵團包覆保鮮膜放入冰箱冷藏至少3小時或隔夜。冷藏靜置後麵團做起來會更方便。

5 麵團分成2等份後上下鋪放保鮮膜，利用擀麵棍將其中1份麵團擀成6吋大小的圓片。

6 一邊用塔模比對，觀察大小是否合宜。

咖啡粒杏仁冰箱小西餅

餅乾加入了咖啡，就成了大人味的餅乾。怎麼加入咖啡？你可以隨性一點，直接買粗顆粒的咖啡粉，或是把家裏的咖啡豆敲碎也可以。

材料

無鹽發酵奶油……… 120g
即溶咖啡粉（粗顆粒）或
咖啡豆…………… 7～8g
鮮奶……………… 2大匙
三溫糖……………… 100g
鹽……………………… 1g
低筋麵粉…………… 240g
無鋁泡打粉………… 1.5g
杏仁角……………… 55g

麵團類

份量
約 45 塊

事前準備

* 奶油於室溫下放至軟化。
* 將咖啡豆敲碎泡在鮮奶中。
* 烘烤前烤箱以 175℃ 預熱。

作法

1 奶油打軟後加入三溫糖、鹽，以中高速攪打成均勻的奶油糊。接著倒入浸泡過後的咖啡牛奶。

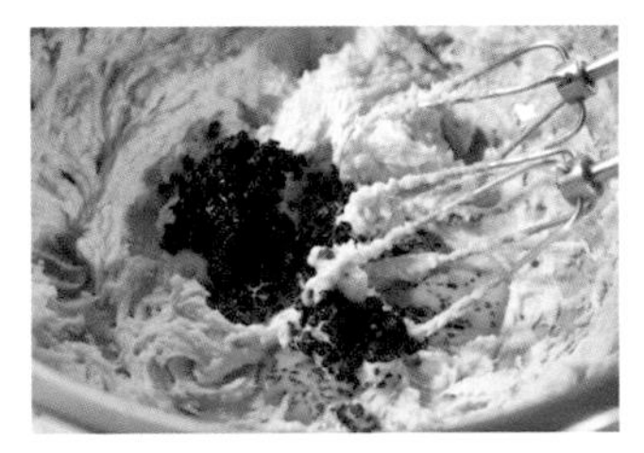

2 將泡過鮮奶的咖啡豆碎加入。

Tips：咖啡豆碎能使咖啡香氣更足夠。

3 篩入混合過後的粉類，利用硬質橡皮刮板略為拌均。

4 杏仁角加入拌勻。

5 完成後的麵團。

6 直角U型模內先鋪上保鮮膜，放入麵團整形後包覆起來，放進冰箱冷藏或是冷凍待變硬後使用。

Tips：直角 U 型模型的尺寸：20x5.5x4 公分。

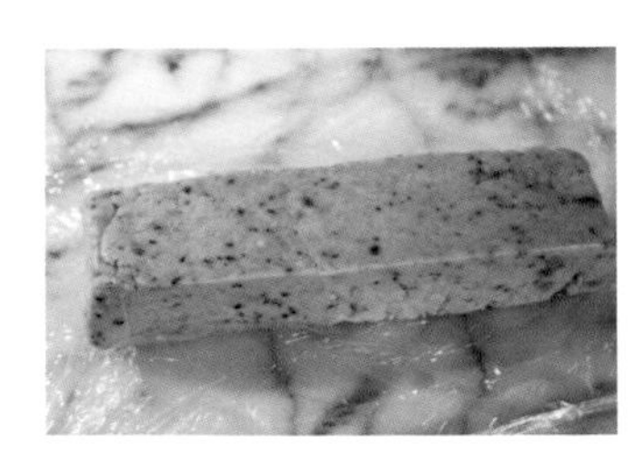

7 將麵團從冰箱取出，略為退冰再行烘烤。烘烤前，烤箱以175℃預熱。

8 將餅乾麵團切片後再對切，放在烤盤上，放入烤箱以175℃烘烤約18～22分鐘。

Tips：中途視家中烤箱特性將烤盤轉向幫助受熱上色。烤盤若非防沾請鋪上烘焙紙。

9 餅乾出爐囉！餅乾在烤盤內冷卻至室溫後密封保存。

MERCI文字奶油餅乾

想和對方説的那些話，如果是不好意思開口的，那麼就用文字餅乾幫忙傳情達意吧！

材料

無鹽發酵奶油········· 100g
細砂糖·················· 90g
鹽························· 1g
蛋黃····················· 20g
低筋麵粉··············· 200g
香草豆莢粉············ 適量

麵團類

份量
約 50 ~ 60 片

事前準備

* 奶油於室溫下放至軟化。
* 烘烤前烤箱以 175℃ 預熱。

作法

1 奶油軟化成膏狀後，用木匙將奶油拌均勻後加入細砂糖、鹽、香草豆莢粉，攪拌至鬆發且奶油變淡變白。

2 加入蛋黃拌勻。

3 篩入混合過後的粉類。

4 利用橡皮刮板將材料拌合成團。拌合完成的狀態以無乾粉為主。

5 工作台上鋪上1張保鮮膜，將麵團放上並整形。整形的方式是抓住左右邊的保鮮膜，將麵團左右推動的整理平整。

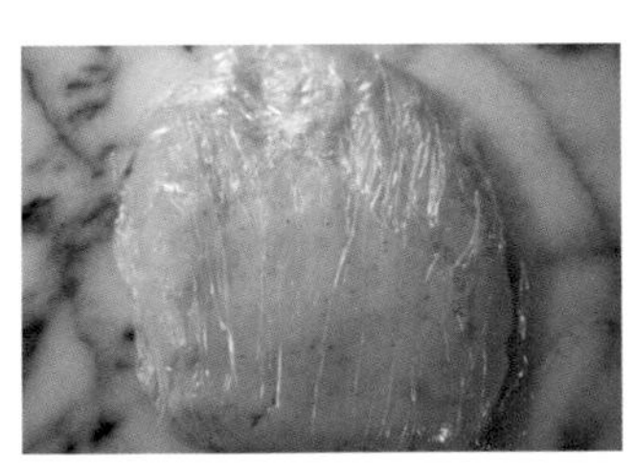

6 完成後的麵團包覆保鮮膜，放入冰箱冷藏約3小時或隔夜。

7 冰鎮後麵團取出分割成2份，分別將麵團擀成0.5公分厚的圓片，放在烤盤或烘焙紙上，使用5公分直徑的壓模壓出圓形，以文字壓模壓出喜歡的字。

Tips：文字是反著放入的，由左或右開始排列也要注意。

8 壓文字時，太溫柔烘烤後會被填平，但不能用蠻力以免麵團破裂，稍微使力，有擠開麵團的感覺即可。完成後放入烤箱以175℃烘烤15～18分鐘。

Tips：中途視家中烤箱特性將烤盤轉向幫助受熱上色。

9 餅乾出爐囉！在烤盤上冷卻至室溫後裝入密封罐保存。

Chapter

04

Class Present

經典甜品，最佳伴手禮

莎布蕾×布列塔尼酥餅×蛋白餅

就讓來自法國的小圓餅莎布蕾（Sable）和濃厚奶油滋味與酥脆口感
兼具的布列塔尼（Galettes bretonnes），
以及來自義大利的杏仁餅（Amaretti），
以歐陸風味襯托你的心意，將溫暖傳遞到對方手上與心裏。

櫻花白巧克力莎布蕾

莎布蕾除了沾黑巧克力或搭配果醬夾心外，更可以嘗試添加杏仁、橙皮、鹽漬櫻花或其他調味料，讓小圓餅風味更具獨特。

材料

無鹽發酵奶油………… 80g
細砂糖………………… 60g
鹽……………………… 1g
蛋黃…………………… 40g
白巧克力……………… 35g
低筋麵粉……………… 180g
杏仁角………………… 30g

裝飾：
細砂糖………………… 適量
鹽漬櫻花……………… 25 朵

麵團類

份量
約 25 片

事前準備

* 白巧克力事先融化使用。
* 奶油於室溫下放至軟化。
* 烘烤前烤箱以 170°C 預熱。

作法

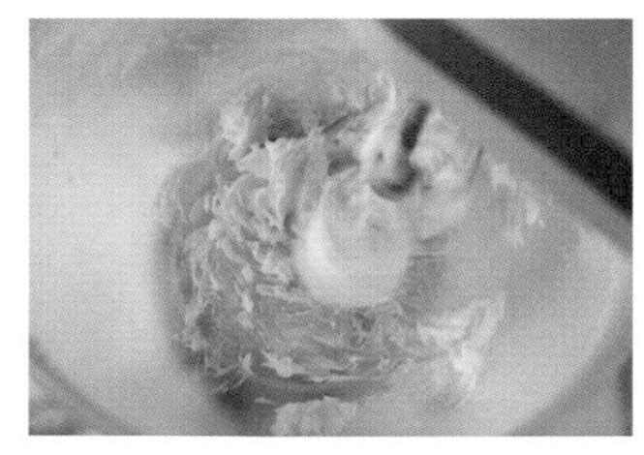

1 奶油攪打成絨毛狀。

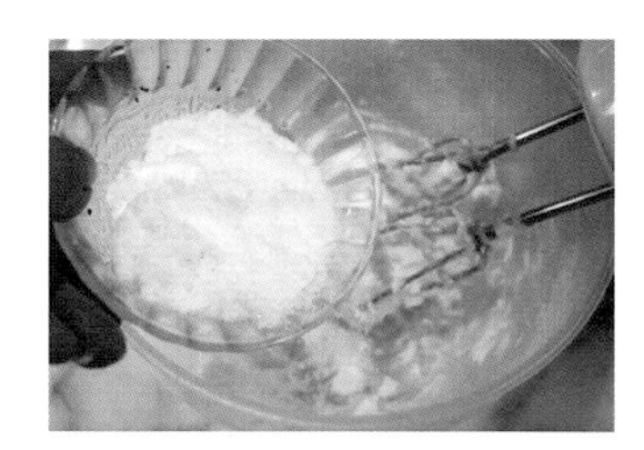

2 加入細砂糖、鹽繼續攪打至糖融化。

3 1次加入1顆蛋黃並拌勻。

4 加入杏仁角。

5 白巧克力稍微切小後以微波融化，加入奶油糊中拌勻。

6 融化的白巧克力溫度勿太高，以免奶油融化。

7 篩入低筋麵粉。

8 利用橡皮刮板將材料拌勻成團。

9 成團後的麵團很軟，可利用保鮮膜幫助操作。

10 將麵團整形成圓柱體後冷藏約3小時或隔夜。

11 餅乾麵團烘烤前，鹽漬櫻花先泡水約30分鐘後，取出吸乾水分備用。

12 冰鎮的餅乾麵團。烤箱以170℃預熱。

13 將麵團稍微抹上清水後，在細砂糖堆裏滾糖裝飾。

14 麵團切割成約1公分厚度的小麵團，鋪放在墊有烘焙紙的烤盤上。

15 放上1朵朵的櫻花，略為按壓讓櫻花貼住。烤盤送入烤箱以170℃烘烤25～30分鐘。餅乾的厚薄度會影響烘烤的時間，請注意。

Tips：中途視烤箱特性，將烤盤轉向幫助受熱上色。

16 餅乾出爐！

17 餅乾在烤盤中降至室溫後密封保存。

餅乾小教室：鹽漬櫻花可以在烘焙材料行中找到，由於經過食鹽與梅醋醃漬，本身帶有鹹味，需浸泡、沖洗後使用。

海苔莎布蕾餅乾

學會了做餅乾的好處就是，可以試著做出自己想吃的口味，除了海苔口味，還可以留一點麵團做原味，讓對方一次吃到兩種風味。

紅茶莎布蕾酥餅

酥酥鬆鬆的餅乾質地，加上奶油的香氣與紅茶的滋味，閉上眼睛宛如置身於歐洲品嘗著下午茶！

材料

麵團類

份量
約 20 片

無鹽發酵奶油……… 120g
細砂糖……………… 25g
三溫糖……………… 30g
鹽………………… 1 小撮
紅茶茶包…………… 10g
熱水………………… 13g
低筋麵粉…………… 160g

事前準備

* 紅茶包事先以熱水浸泡備用。
* 奶油於室溫下放至軟化。
* 烘烤前烤箱以 170℃ 預熱。

作法

1 奶油室溫下打軟至絨毛狀，加入細砂糖、鹽以中高速攪打至奶油顏色變白、具蓬鬆感。

2 加入浸泡過後的茶葉及茶汁拌勻。

3 篩入低筋麵粉拌勻。

4 將麵團整形成圓柱體，或是正方體都行，以保鮮膜包覆麵團，放置冰箱冷藏至少3小時或隔夜。

Tips：麵團製作完成靜置後，烘烤風味更勝一籌。

5 烤箱先以170℃預熱。將冰鎮後的麵團切片排放在烤盤上，並放入烤箱後以170℃烘烤20 ~25分鐘。

Tips：中途視家中烤箱特性，可將烤盤轉向幫助受熱上色。

6 餅乾出爐囉！出爐後的餅乾在烤盤上冷卻後密封保存。

原味布列塔尼酥餅

記得烤焙的時候，要連同小模型一起放入烤箱烘烤，才能擁有酥餅腰側上色的成果，展現這款酥餅的特色。

材料

無鹽發酵奶油……… 125g
三溫糖……………… 55g
鹽……………………… 1g
蛋黃………………… 40g
香草豆莢醬……… 2～3g
蘭姆酒……………… 20g
低筋麵粉…………… 110g
乾酵母………………… 1g
杏仁粉……………… 75g
手粉（使用高筋麵粉）
……………………… 少許

裝飾：

蛋黃…………… 1～2個

麵團類

份量
約12個（直徑5公分） 和1個（直徑8公分）

事前準備

* 奶油於室溫下放至軟化。
* 另準備少許奶油用於塗抹模型內側。
* 裝飾用的蛋黃先打成蛋黃液備用。
* 烘烤前烤箱以170℃預熱。

作法

1 軟化的奶油攪打成絨毛狀。再將三溫糖、鹽及香草豆莢醬加入奶油盆中，以低速攪拌均勻。

2 逐次逐量加入蛋黃，並和奶油糊攪拌均勻。

3 加入蘭姆酒拌勻。

Tips：蘭姆酒香拌入麵團靜置後，烘焙風味絕佳。

4 篩入混合過的低筋麵粉、杏仁粉和乾酵母。

5 以橡皮刮板將材料拌合成團。

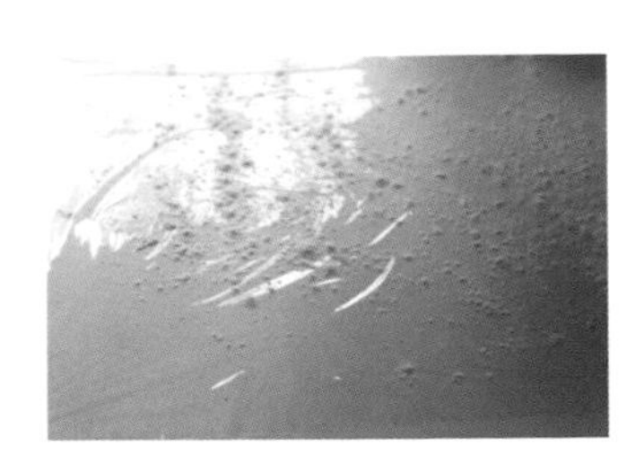

6 工作台上鋪上保鮮膜後，撒上少許的手粉。

7 將麵團放在保鮮膜上再蓋1張保鮮膜，方便整形不沾手。

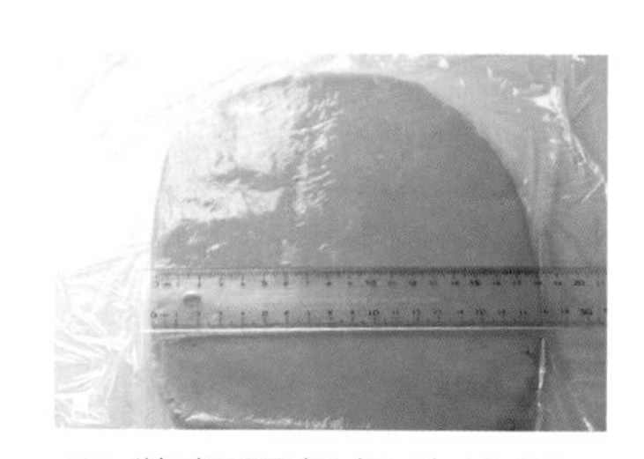

8 將麵團慢慢地按壓，攤成長寬約24×18公分，高約1公分的麵團。完成後將麵團放在托盤上，放入冰箱冷藏至少需3個小時以上。

Tips：也可使用擀麵棍輕擀。

9 麵團冷藏完成後，將模型的內側抹上少許的融化奶油，防止沾黏。

10 製作畫線工具：利用橡皮筋把3枝竹籤綑在一起，中間的略短，讓線條有些距離。

11 麵團自冰箱取出，擺上約12個模型。

12 將壓入後的麵團放在鋪有烘焙紙的烤盤上，並刷上蛋黃液，經過烘烤後提香也增色。

13 用竹籤在麵團表面畫線。這個畫線方式，是傳統布列塔尼的畫線方式。

Tips：叉子也很好用，只是畫過就會留下痕跡在叉子上，記得用紙巾抹掉。

14 套上模型後將烤盤送入烤箱，以170℃烘烤約30分鐘。

Tips：烤盤放置於中間層，烤程中途將烤盤轉向，讓酥餅均勻受熱上色。

15 出爐後立刻將模型取出，讓酥餅散熱。

貼心叮嚀：如果沒有小圓形中空模，亦可用圓形慕斯框烘烤成大大的1個蛋糕型酥餅。

干邑香橙布列塔尼酥餅

以柑橘類水果果皮釀製而成的香甜橙酒，加上柳橙皮及少許的橙花水，和麵團結合再經過烘烤，釋放出迷人的香氣，你一定會愛上。

巧克力布列塔尼酥餅

巧克力口味的布列塔尼，技巧上跟原味相同，蛋黃以熟蛋黃取代生蛋黃，讓酥餅風味更加獨特。

材料

無鹽發酵奶油……… 225g
糖粉………………… 125g
鹽……………………… 1g
香草豆莢醬…… 1/4 小匙
熟蛋黃……………… 2 個

低筋麵粉…………… 270g
無糖可可粉………… 30g

裝飾：

蛋黃………………… 20g

麵團類

份量
約 12 個（直徑 5 公分）

事前準備

* 奶油於室溫下放至軟化。
* 烘烤前烤箱以 170°C 預熱。
* 裝飾用的蛋黃先打成蛋黃液備用。

作法

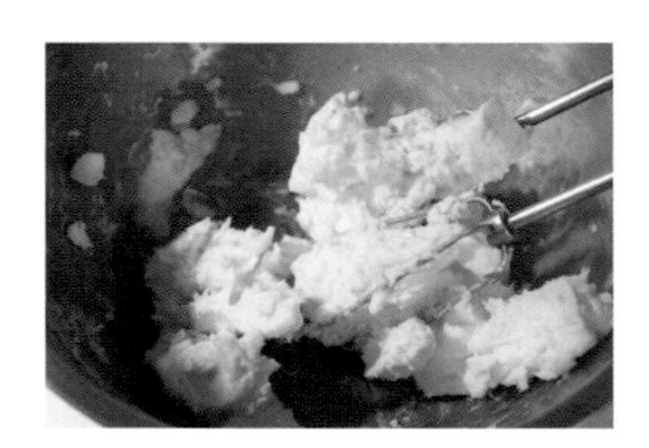

1 用室溫下軟化的奶油攪打成絨毛狀。

2 糖粉、鹽加入奶油盆中，以低速攪拌均勻。

3 香草豆莢醬加入拌勻。

4 熟蛋黃加入拌勻。

5 篩入混合過的粉類。

6 用橡皮刮板將材料拌合成團並包保鮮膜，冷藏至少3小時或隔夜。

7 麵團放在有鋪烘焙紙的工作台上，用擀麵棍擀成約1.5公分厚。

8 模型內側抹上少許油，套壓在麵團上約9個模型。剩餘麵團再次整合擀壓出3個模型。

Tips：模型為直徑 5 公分的圓形圈。

9 圓形圈麵團放在鋪有烘焙紙的烤盤上。

10 製作畫線工具。用橡皮筋把3枝竹籤綑在一起，中間的略短讓線條有些距離。

11 將麵團上刷些蛋黃液，竹籤直向畫線。

12 竹籤換成橫向再次於麵團上畫線。

13 傳統的布列塔尼酥餅線條完成。放入烤箱以170℃烘烤30 ～35分鐘。

Tips：中途視家中烤箱特性，將烤盤轉向均勻受熱上色。

14 餅乾出爐後立刻要將模型取出，讓酥餅散熱。

貼心叮嚀：

* 選擇無糖可可粉時，盡量選擇質量較高的品牌，以呈現這款餅乾的特色。
* 低筋麵粉容易受潮，使用時務必過篩。

巧克力花式布列塔尼

布列塔尼為法式經典點心之一，很適合在特別的日子烘烤，把你滿滿的愛心裝袋送禮。

材料

無鹽發酵奶油……… 175g
糖粉………………… 90g
鹽……………………… 1g
蛋黃………………… 40g
低筋麵粉…………… 115g
杏仁粉……………… 80g
無糖可可粉………… 20g
苦甜巧克力碎……… 35g

裝飾：

苦甜巧克力………… 50g
乾燥覆盆子粒……… 適量
開心果……………… 適量
防潮糖粉…………… 適量

麵糊類

份量
約 12 個（直徑 6 公分圓形 10 個，7 公分愛心模 2 個）

事前準備

* 擠花嘴套入擠花袋，模型抹油撒粉備用。
* 烘烤前烤箱以 175℃ 預熱。
* 奶油於室溫下放至軟化。

作法

1 準備平口直徑0.7公分擠花嘴、擠花袋，模型抹油撒粉備用。

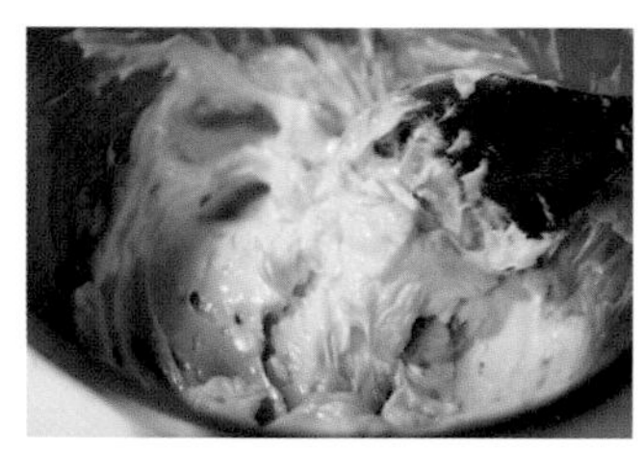

2 已經軟化的奶油以木匙攪拌。

3 篩入糖粉和鹽，繼續攪拌至融合。

4 加入杏仁粉拌勻。

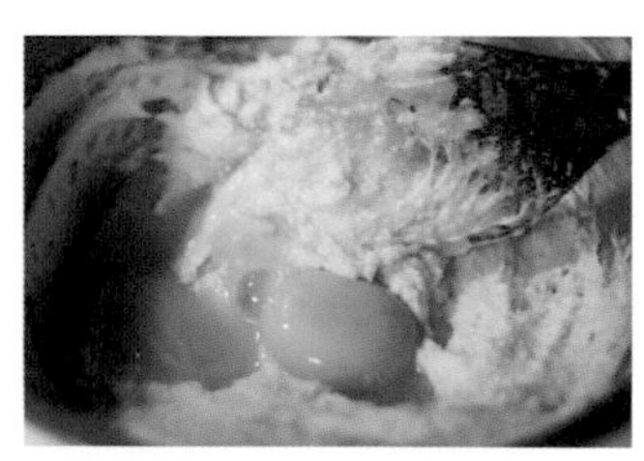

5 加入蛋黃攪拌均勻，讓蛋黃液被奶油吸收。

6 篩入低筋麵粉。

7 篩入可可粉，利用橡皮刮板將材料拌勻。

8 最後加入巧克力碎。

9 用橡皮刮板將材料攪拌均勻。

10 將餅乾麵糊裝入已套上花嘴的擠花袋，再擠入模型中。

11 送入烤箱以175℃烘烤18～20分鐘。

Tips：中途視家中烤箱特性，將烤盤轉向幫助受熱上色。大小不同的餅乾烘烤時間不同，須注意。

12 餅乾出爐冷卻後，用融化後的巧克力擠上線條。

13 撒上乾燥覆盆子粒和開心果。

14 表面上篩上防潮糖粉裝飾。

貼心叮嚀：
* 乾燥覆盆子粒可以在日系百貨、超市專櫃找到。
* 巧克力碎可以一般市售巧克力切碎使用。

義大利杏仁蛋白餅

以杏仁醬、糖和蛋白製成的蛋白餅，搭配冰淇淋、慕斯、沙巴雍（義大利蛋黃醬）或是夾果醬、巧克力醬都很搭。

材料

杏仁粉……………… 110g
純糖粉……………… 130g
鹽……………………… 1g
蛋白………………… 50g
細砂糖……………… 24g
義大利杏仁甜酒… 1小匙

麵糊類

份量
約30顆

事前準備

* 烘烤前烤箱以180°C預熱。

作法

1 先將杏仁粉、純糖粉、鹽混合後過篩備用。

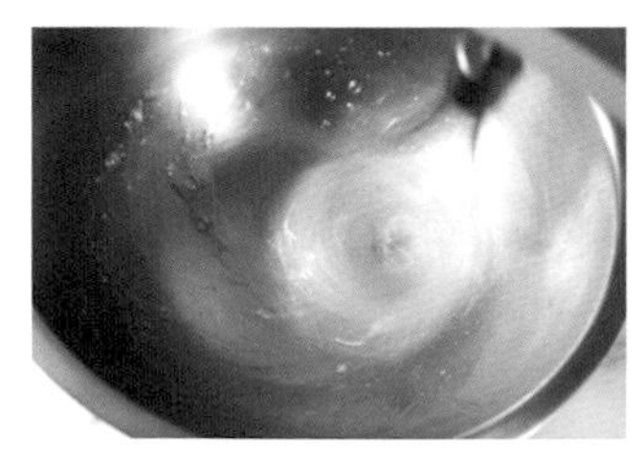

2 蛋白攪打至看不見蛋液後，再分次加入細砂糖打至硬性發泡。

Tips：打發蛋白的器具必須無油脂，以免影響打發程度。

3 看不見泡泡了，就可開始加細砂糖打發。分次加入糖打發，蛋白霜會較篷鬆。

4 蛋白霜攪打至硬性發泡，鳥嘴硬挺，倒扣蛋盆不滑落表示完成。

5 倒入過篩後的杏仁粉、糖粉、鹽拌勻。

6 此次義大利杏仁甜酒使用的品牌是Disaronno Originale。

7 杏仁甜酒加入拌勻成團。 如果沒有杏仁甜酒，可以使用少許杏仁香精取代。

8 麵團以10公克大小分切滾圓後，放烤盤上略按壓。放入烤箱以180℃烤15 ～18分鐘。

Tips：麵團若黏手，可戴乳膠手套。中途視家中烤箱特性，將烤盤轉向均勻受熱上色。

9 完成的餅乾表面呈現金黃色且有裂痕，冷卻後密封保存。

餅乾小教室：烘烤這款餅乾的重點是將水分烤乾，呈現杏仁香氣脆硬的口感。

開心果蛋白杏仁餅

綠色的開心果仁，多半運用在糕點裝飾上，讓糕點更別緻。運用在餅乾上，就大方的加入吧！來自堅果類特有的香氣，一定會大受歡迎的。

材料

開心果仁…………… 50g
杏仁粉……………… 140g
鹽……………………… 1g
香草豆莢粉或香草豆莢醬
……………………… 少許

蛋白…………… 55 ~ 60g
細砂糖……………… 110g

裝飾：
純糖粉、細砂糖…… 適量

麵糊類

份量
約 24 片

事前準備

* 烘烤前烤箱以 175°C 預熱。
* 蛋白需在室溫下製作。

作法

1 開心果和杏仁粉放入料理機中，以按壓的方式磨成粉狀備用。

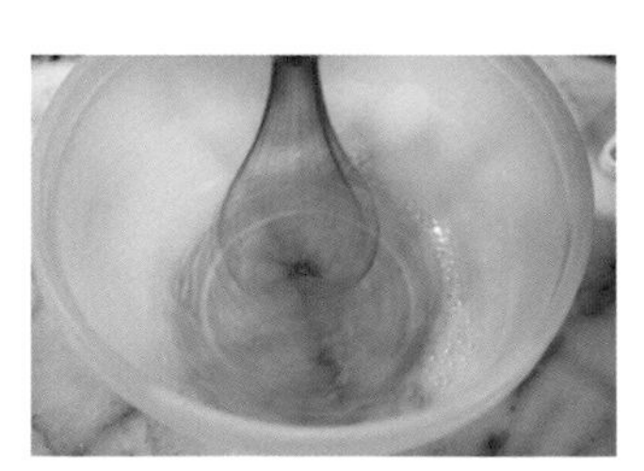

2 攪打蛋白霜：蛋白攪打至粗泡後轉濕性發泡。

3 分次將細砂糖加入攪打，至蛋白霜掛在螺旋攪打器上。

Tips：配方中糖量多於蛋白，因此蛋白霜會有點沉重感。

4 攪打約3 ~5分鐘後，蛋白霜就會呈現鳥嘴硬挺的狀態。

5 糖量多的時候，蛋白霜會呈現亮亮的光澤。

6 分次加入混合過後的開心果、杏仁粉、鹽、香草豆莢粉或香草豆莢醬。

7 將兩者拌勻即可，攪拌過度麵糊會太稀。

8 利用量匙挖起1大平匙的麵糊。

9 接著將裹上細砂糖的軟麵團放在糖粉區，用手指滾動，讓麵團滾上純糖粉，麵團不黏手時再用雙手搓圓成團。

Tips：這個階段的裹糖及純糖粉，可以讓餅乾麵團在烘烤中產生自然的裂痕，並讓餅乾的外殼具有咬勁。

10 完成後的麵團放在鋪有烘焙紙的烤盤上。放入烤箱以175℃烘烤12～14分鐘。

Tips：中途視家中烤箱特色，將烤盤轉向均勻受熱上色。

11 餅乾出爐囉！出爐的餅乾冷卻後密封保存。

貼心叮嚀：這款餅乾類似達克瓦茲，同屬蛋白加上堅果系列，稍微不同的是內部組織的呈現，有機會的話可以試試，是很不錯的伴手禮選項！

伯爵茶達克瓦茲蛋白餅

伯爵茶的特殊風味迷倒許多人，搭上香脆蛋白餅，冰鎮過後，就是下午茶最佳良伴。

材料

餅乾：

- 杏仁粉……………… 80g
- 低筋麵粉…………… 10g
- 伯爵茶包……………… 5g
- 純糖粉……………… 55g
- 鹽……………………… 1g
- 蛋白………………… 110g
- 細砂糖……………… 35g

伯爵奶茶餡：

- 無鹽發酵奶油……… 100g
- 鮮奶……………… 100ml
- 細砂糖……………… 30g
- 蛋黃………………… 25g
- 英式伯爵茶葉……… 10g

伯爵奶茶甘納許：

- 調溫牛奶巧克力…… 60g
- 動物鮮奶油………… 50ml
- 英式伯爵茶葉………… 3g

麵糊類

份量
8 組

事前準備

* 奶油和蛋白需在室溫下製作。
* 烘烤前烤箱以 175℃ 預熱。
* 擠花袋、擠花嘴備用。

作法

伯爵奶茶甘納許

1 先將鮮奶油加熱至45℃，放入茶葉至茶色產生後，熄火燜約10分鐘瀝出。

2 牛奶巧克力以微波加熱的方式融化。

Tips：調溫型牛奶巧克力含可可脂35% 以上，奶香味十足。

3 加入過篩茶汁拌勻，成為伯爵茶甘納許醬。

4 攪拌均勻的甘納許醬放置一旁備用。

伯爵奶茶餡

5 先將鮮奶加熱至45℃，放入伯爵茶茶葉至茶色出現後，燜約10分鐘瀝出。

6 煮法跟卡士達很像，蛋黃打散後加入細砂糖攪拌至顏色變淡。

7 茶汁倒入後加熱至82℃熄火，過程中必須攪拌以免焦鍋。

Tips：建議可以使用厚底單柄鍋操作。

8-1 以溫度計測量，溫度到達後立即熄火。

8-2 如果沒有溫度計，可以在耐熱矽膠刮刀上抹些蛋奶醬，用手指滑過中間，分開成清楚的道路，表示蛋奶醬煮好。

9 蛋奶醬溫度下降至25～26℃再使用，以免將奶油融化。

10 奶油室溫下軟化，打軟後慢慢地加入蛋奶醬攪打均勻，成為伯爵奶茶餡。

餅乾

11 將粉類、伯爵茶、純糖粉、鹽過篩入鋼盆。

12 利用攪拌器將材料拌勻，完成後備用。

13 打發蛋白霜，攪拌機以中速將蛋白攪打至看不見液體。

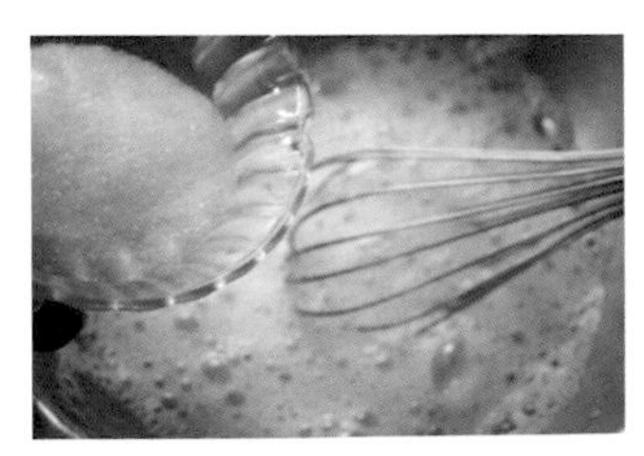

14 接著分3次將細砂糖加入，蛋白霜攪打至鳥嘴狀且硬性發泡。

15 過程中可以感覺出來蛋白霜的狀態，有厚實感卻很輕巧，同時紋路也很明顯。

16 鳥嘴產生、倒扣鋼盆不滑落，都是蛋白霜完成的指標。

17 分次加入混合且過篩的粉類，以橡皮刮刀由下往上一邊攪拌一邊轉動的方式拌勻。

18 大致上看不見粉類即可再次下粉拌勻。

19 注意麵糊攪拌至不見粉粒即可，過度攪拌容易消泡，影響蛋白餅膨脹程度。

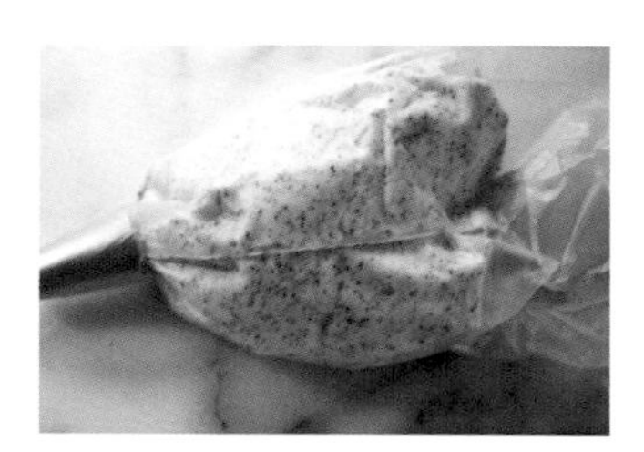

20 完成後的蛋糕麵糊裝入擠花袋，使用的擠花嘴為直徑0.7公分平口花嘴。

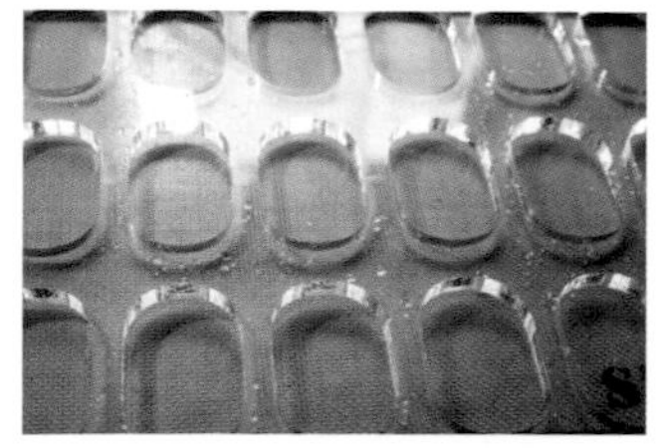

21 在達克瓦茲壓克力模內圈稍微抹水後使用。

22 麵糊剛剛好可裝滿16片達克瓦茲模型中。利用橡皮刮刀刮平整。

23 輕輕將模子拿起。

24-1 2階段篩上純糖粉，每次間隔約2分鐘。

24-2 第2階段篩上純糖粉完成。

25 送入烤箱以175℃烘烤15～18分鐘。

Tips：中途視家中烤箱特性將烤盤轉向，幫助受熱上色。

26 蛋白餅出爐且冷卻後脫模配對，準備裝飾。

27 伯爵奶茶餡裝入套上8齒擠花嘴的擠花袋，在外圍擠上1圈。

Tips：慢慢地將花嘴騰空，擠在蛋白餅上才漂亮。

28 在中間擠入伯爵茶甘納許。

29 裝飾蛋白餅時，1個裝飾、1個空白，方便稍後夾心。

30 完成的蛋白餅冰鎮後食用。

餅乾小教室：

* 這是一款工序稍微繁複的餅乾，請耐心接受挑戰。
* 一般甘納許為巧克力及鮮奶油的結合，加入茶香後的風味甘納許更加迷人。

抹茶達克瓦茲蛋白餅

近年來很受歡迎的達克瓦茲蛋白餅，外層是蛋白霜餅，內層夾著奶油或奶油霜，在法國通常搭配水果一起食用，不妨在家裏試試看吧！

材料

餅乾：

蛋白………………… 205g
乾燥蛋白粉…………… 8g
塔塔粉………………… 1g
細砂糖……………… 35g
低筋麵粉…………… 27g
日系抹茶粉………… 10g
純糖粉……………… 135g
杏仁粉……………… 188g

裝飾：

純糖粉……………… 適量

穆斯林醬

crème mousseline：

鮮奶………………… 35ml
蛋黃………………… 20g
細砂糖……………… 35g
無鹽發酵奶油……… 130g

抹茶醬：

抹茶粉……………… 12g
糖水………………… 35g
(35g 熱水加上 15g 細砂糖拌合後取用)

義式蛋白霜

meringue Italienne：

蛋白………………… 44g
細砂糖……………… 93g
清水………………… 20g

麵糊類

份量
約 24 組

事前準備

* 烤盤、平口擠花嘴、擠花袋備用。
* 烘烤前烤箱以 175°C 預熱。
* 奶油於室溫下放至軟化。

作法

餅乾

1 低筋麵粉、抹茶粉、純糖粉、杏仁粉混合後過篩備用。

2 蛋白倒入鋼盆中，加入乾燥蛋白粉及塔塔粉。

3 攪拌機以中速攪打蛋白至看不見液體狀態。

4 分3次將細砂糖加入鋼盆攪打。

5 以中速穩定將蛋白霜打發，蛋白霜紋路會逐漸明顯。

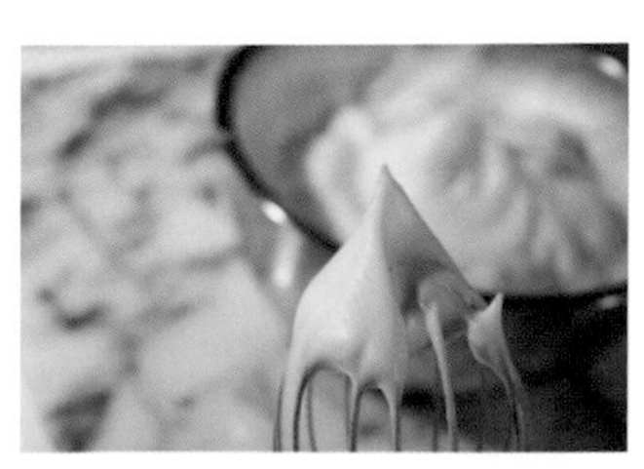

6 直到鳥嘴挺直，蛋白霜便攪打完成。

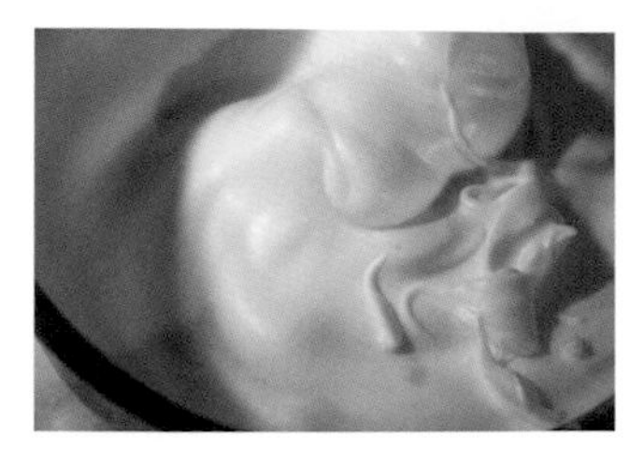

7 以慢速攪拌蛋白霜1分鐘，讓質地更細緻。

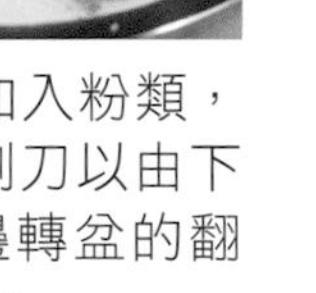

8-1 分次加入粉類，橡皮刮刀以由下往上，同時一邊轉盆的翻拌方式攪拌均勻。

Tips：翻拌時要輕盈一點，攪拌過度會造成消泡。

8-2 麵糊攪拌完成的狀態。

9 麵糊裝入擠花袋，裝上直徑0.7公分的平口花嘴。先將模型內圍稍微沾濕，再將麵糊擠入模型中。

Tips：模型稍微沾濕能有助順利脫模。

10 用橡皮刮板輕輕抹平麵糊表面，再將模型拿起，撒上糖粉，休息2分鐘後再撒1次。放入烤箱以175℃烘烤約15～18分鐘。

Tips：中途視家中烤箱特性，將烤盤轉向幫助受熱上色。

11 蛋白餅出爐，必須等到完全冷卻才能脫模。最棒的效果是外酥內軟的質地。

穆斯林醬

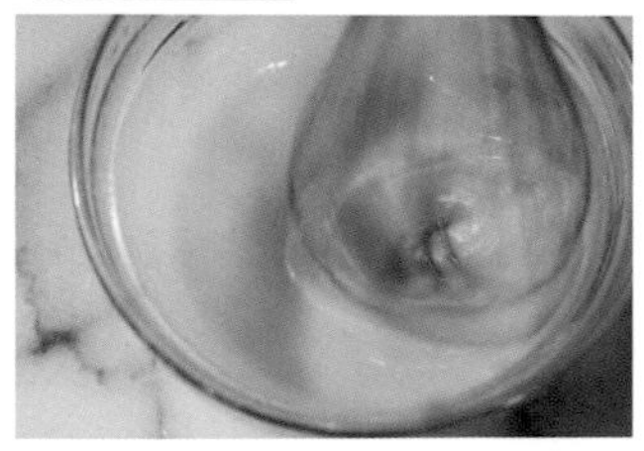

12 製作穆斯林醬。先將蛋黃跟細砂糖攪打至顏色變淡。

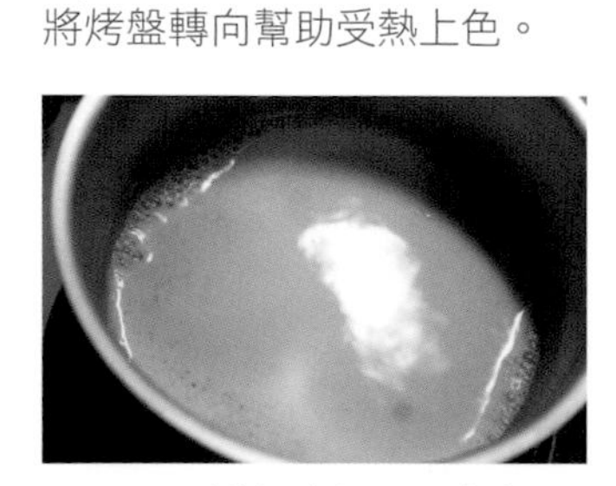

13 鮮奶倒入厚底鍋，放在爐火加熱至沸騰即熄火。

14 沸騰後的鮮奶慢慢沖入蛋黃容器中攪拌均勻。

15 卡士達醬半成品倒回鍋中，放回爐火加熱至85℃。

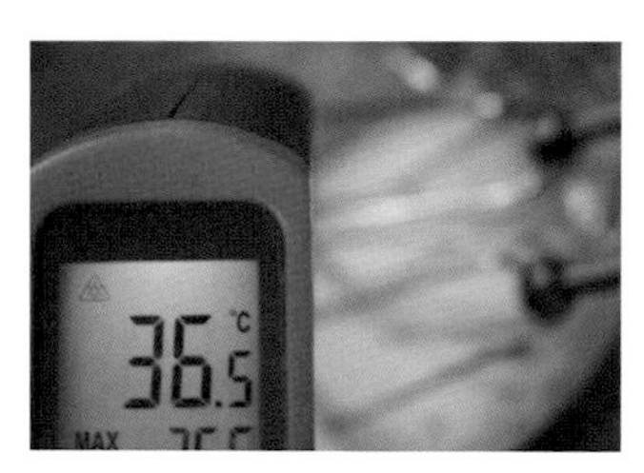

16 完成的卡士達醬過篩後，以高速攪打降溫至35～37℃。

17 接著加入室溫下軟化的奶油，以高速攪打成為蓬鬆的穆斯林醬。

抹茶醬

18 抹茶加入糖水攪拌均勻，成為抹茶醬備用。

義式蛋白霜

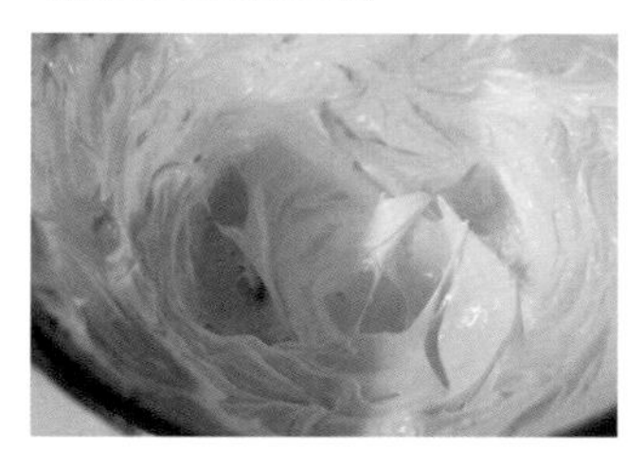

19 製作義式蛋白霜。把細砂糖、水放於厚底鍋中加熱至121℃，蛋白打發至濕性發泡，糖漿溫度達到時，慢慢沖入蛋白霜盆。

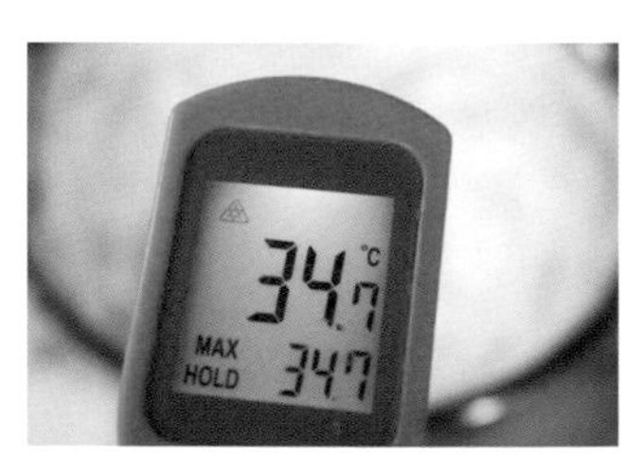

20 攪拌機以高速攪打至溫度下降為34～37℃。

21 取出需要用量的義式蛋白霜放進穆斯林醬盆中。

22 以高速攪打拌合產生膨鬆感，席布斯特醬完成。

23 取一些席布斯特醬放入抹茶醬中攪拌均勻。

餅乾小教室：過篩讓卡士達醬更為細緻。降溫的步驟避免奶油加入隨即融化。

24 再放回席布斯特醬盆中攪拌均勻，成為抹茶口味席布斯特醬。

25 內餡裝入擠花袋，裝上直徑0.7公分平口花嘴，擠在單片蛋白餅背面，另1片夾起即完成組裝。

Tips：冷藏過後風味更佳。

貼心叮嚀：目前用到的幾種內餡稍微整理一下，讓大家更熟悉。

- 卡士達醬（custard, crème pâtissière）= 蛋黃、糖、粉、鮮奶、香草豆莢
- 穆斯林醬（crème mousseline）= 卡士達醬 + 軟化奶油
- 義式蛋白霜（meringue Italienne）= 水、糖、蛋白
- 席布斯特醬（ crème chiboust ） = 穆斯林醬 + 義式蛋白霜

餅乾小教室：

* 義式蛋白霜用途廣泛，如塔類產品的裝飾或慕斯餡，輕盈蓬鬆的口感如棉花糖般入口即化。

* 烘烤用日系抹茶粉以京都宇治抹茶粉最為著名。抹茶中的甘醇、苦澀、深邃的香氣及鮮明的色澤，最受烘焙界喜好。

巧克力夾心蛋白餅

幾乎是人人喜愛的巧克力，也可以拿來和外酥內軟的蛋白餅搭配，
不論是自己吃或是當成禮物送出，都很適合。

材料

蛋白…………………… 100g
細砂糖……………… 95g
鹽…………………………1g
杏仁粉……………… 90g
低筋麵粉…………… 25g
杏仁角……………… 適量

裝飾：

榛果可可醬………… 適量
牛奶巧克力………… 適量

麵糊類

份量
約 21 組

事前準備

* 烘烤前烤箱以 160℃ 預熱。
* 牛奶巧克力隔水加熱融化。
* 蛋白需在室溫下製作。

作法

1 蛋白以中高速攪打至看不見蛋白液。

2 當粗泡產生就是加入糖打發的時機。

Tips：太早加糖會抑制蛋白經空氣打發的效果，等到蛋白液看不見再分次加糖打發，可以打出美麗的蛋白霜。

3-1 分3次加入細砂糖，繼續攪打。

3-2 攪打至蛋白霜呈現亮白即可。

Tips：配方中的蛋白和糖的比例幾乎是 1:1，因此打到蛋白霜亮白就好。

4 篩入混合的粉類和鹽。

5 用橡皮刮刀將盆中的食材以切拌方式混勻。

Tips：大致均勻即可，過度攪拌容易消泡，影響成品的體積和口感。

6 餅乾麵糊裝入已經套上平口花嘴(直徑1公分)的擠花袋，輕輕擠出長度約7公分的麵糊，間隔約1指寬。

7 接著撒上杏仁角。

Tips：附著不了的杏仁角回收方式：拿起矽膠墊或烘焙紙，抖入回收容器。

8 完成後放在烤盤送入烤箱以155～160℃烘烤30～35分鐘。

Tips：中途將烤盤轉向幫助受熱上色。時間到後熄火燜約5分鐘。

9 餅乾出爐後，在烤盤內冷卻後再裝飾。

Tips：蛋白餅出爐後完全冷卻，再從矽膠墊取下脫模。

10 冷卻後，將榛果可可醬裝入套上直徑7毫米平口花嘴的擠花袋，擠上1小條在餅乾背面。

11 取另1片餅乾黏合。

12 餅乾2頭沾上融化的牛奶巧克力，即完成裝飾。

Chapter
05

Cookie Party

異國風情，一口吃到全世界的美味

雪球×比斯烤提×米餅

來自西方，充滿節慶色彩的雪球（Snowball cookies）、
發跡自義大利，堅持獨特口感的比斯烤提（Bisotti），
還有日本皇宮御用點心，米餅等等，讓人不禁想著，
原來，全世界都愛吃餅乾！

三溫糖豆香雪球

圓潤可愛的雪球外觀討喜，配上特殊豆粉香氣，是解饞的濃郁好味道。

材料

無鹽發酵奶油……… 240g
純糖粉……………… 55g
三溫糖……………… 50g
鹽…………………… 1g
杏仁粉……………… 60g
低筋麵粉…………… 320g
香草豆莢粉………… 適量

裝飾：

純糖粉………… 30 ～ 35g
熟黃豆粉……… 50 ～ 60g

麵團類

份量
約 70 顆

事前準備

* 奶油於室溫下放至軟化。
* 烘烤前烤箱以 160°C 預熱。

作法

1-1 軟化後的奶油，略為攪打後，加入純糖粉、三溫糖、鹽，繼續攪打。

Tips：純糖粉過篩後使用。

1-2 攪打至奶油糊變色泛白即可。

2 篩入低筋麵粉。

3 篩入杏仁粉、香草豆莢粉拌勻。

Tips：杏仁粉若有部份粗顆粒直接倒入材料拌合即可。

4 利用橡皮刮板將材料拌合成團。

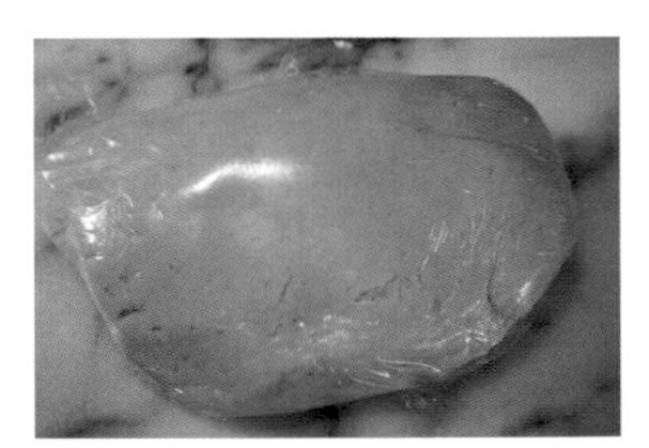

5-1 包覆保鮮膜後冷藏靜置30分鐘後烘烤。

5-2 利用橡皮刮板將麵團分割。

6 將麵團分小份，每份約10公克大小。

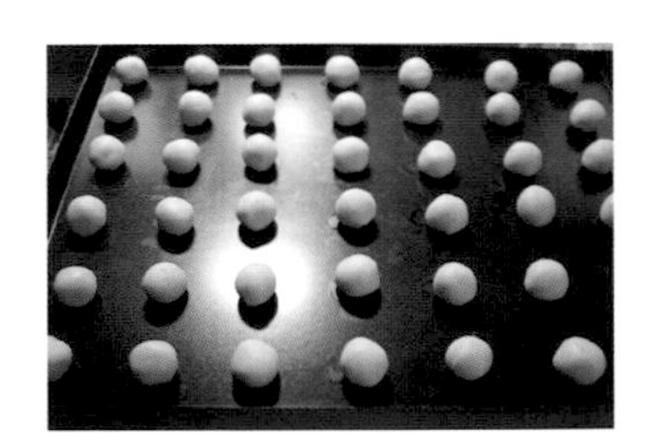

7 完成分割、滾圓後的麵團放在烤盤上，送入烤箱以160℃烘烤約35～40分鐘。

Tips：烤盤若不防沾，請先鋪放烘焙紙。

8 雪球出爐囉！

9 放在層架上略為冷卻。

10 黃豆粉、純糖粉倒入塑膠袋中混合。

Tips：熟黃豆粉有著很特殊的香氣，日系百貨超市可找到。

11 雪球放入後輕輕搖晃塑膠袋，讓雪球沾附黃豆糖粉。

Tips：雪球仍有些微溫時即可操作，但手法要輕盈些以免雪球外觀變形。

12 黃豆粉混搭純糖粉後滿滿的裹在雪球上，撲鼻而來的香氣十分討喜。完成後裝入密封罐保存。

餅乾小教室：雪球是一款非常適合與孩子一起製作的點心。可以讓孩子們將麵團揉成小球，甚至在冷卻後由孩子們來沾裹糖粉。對孩子來說，在廚房弄髒雙手，意味著可以先「品嘗」的小確幸。

核桃雪球

濃郁奶香搭配入口即化的綿密口感，可成為最有節慶氛圍的聖誕節伴手禮。

材料

中筋麵粉…………… 125g
純糖粉………………37.5g
鹽………………………… 1g
香草豆莢醬………… 少許
無鹽發酵奶油……… 110g
核桃仁……………… 125g

裝飾：

純糖粉………… 30 ～ 40g

麵團類

份量
約 20 個

事前準備

* 奶油於室溫下放至軟化。
* 核桃仁以 150℃ 預熱好的烤箱烘烤 7～10 分鐘放涼備用。
* 烘烤前烤箱以 165℃ 預熱。

作法

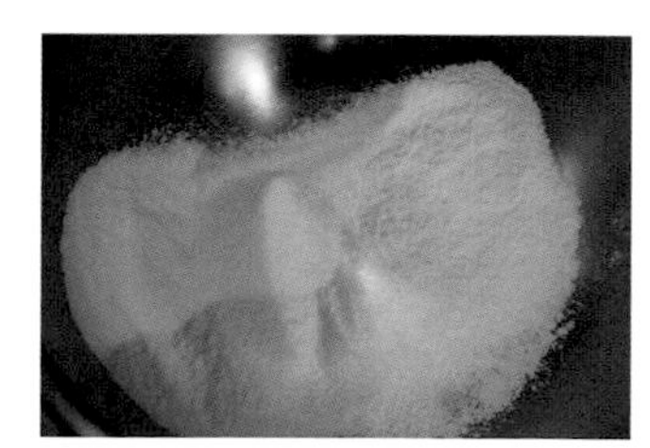

1 中筋麵粉篩入鋼盆中。

2 純糖粉、鹽過篩加入。

Tips：配方中的糖比例很少，以免烘烤後裹上糖粉過甜。

3 利用螺旋攪拌器將材料攪拌均勻。

4 加入軟化的奶油、香草豆莢醬。

5 奶油軟化至仍有形但可以被按壓的狀態即可。

6-1 戴上乳膠手套將奶油在粉堆中捏壓成顆粒狀。

6-2 雪球的粉油比例幾乎相同，跟奶油酥餅相似。

Tips：這類型的餅乾很注重奶油香氣，選用品質好的奶油更能加分。

7 烘烤過冷卻的核桃仁加入拌勻成團。

8 完成後的麵團蓋上保鮮膜，放入冰箱冷藏1小時。

Tips：操作過程中難免因為手溫讓麵團升溫，可先冰鎮片刻讓食材先行結合後再烘烤，風味更佳。

9 冷藏後的麵團以每顆約20公克揉圓後，放在鋪烘焙紙的烤盤上，送入165℃的烤箱烤25分鐘。

Tips：中途視烤箱特性將烤盤轉向幫助受熱上色。

10 雪球出爐囉！

11 等出爐後的雪球略為冷卻後，再以純糖粉裝飾。

Tips：裹糖粉時的雪球仍需有些溫度，以免糖粉不易裹上。

12 純糖粉篩入塑膠袋，雪球放入輕輕滾動讓糖粉裹上。

13 裹上糖粉的雪球密封後保存。

貼心叮嚀：

1. 純糖粉易結粒必須過篩後使用避免影響奶油打發、麵團拌合及成品口感。
2. 一般使用低筋麵粉做雪球，口感酥鬆。換上中筋麵粉試試，鬆化的雪球會比較有形喔。

抹茶雪球

典雅的抹茶香甜而不膩，下午茶一口一顆的最佳選擇。

材料

無鹽發酵奶油	150g
三溫糖	45g
鹽	1g
低筋麵粉	180g
杏仁粉	27g
日系抹茶粉	7g

裝飾：

抹茶粉	適量
純糖粉	適量

麵團類

份量
約 42 顆

事前準備

* 奶油於室溫下放至軟化。
* 烘烤前烤箱以 160℃ 預熱。

作法

1 軟化的奶油以中速打軟後，加入三溫糖、鹽繼續攪打至鬆發、奶油顏色泛白。

2 奶油糊顏色逐漸變淡，記得刮缸。

3 篩入混合過後的粉類。

4 利用橡皮刮板將材料拌合均勻。

5 餅乾麵團有點黏是正常的，拌合至看不見乾粉即可。

6 將麵團包覆保鮮膜，放置冰箱冷藏30分鐘。

Tips：不急著做的話，冰鎮至隔天也 OK。

7 取出的麵團利用硬質橡皮刮板先切割成8×4的份量，之後再分成每份約10公克，總共完成42顆雪球。

8 麵團搓圓後放在鋪有烘焙紙的烤盤上，送入烤箱烘烤約40分鐘。

Tips：中途視烤箱特性將烤盤轉向以幫助受熱上色。

9 雪球出爐囉！在烤盤中冷卻片刻後裹上抹茶糖粉密封保存。裝飾參考169頁的作法12。

餅乾小教室：雪球（ snowball cookies ）也稱作俄羅斯茶餅（ Russian tea cake ），是美國聖誕節常見的糕點，也是中世紀英格蘭常見的點心。當冬季白色假期來臨時，奶油餅乾以奶油球和雪球曲奇的形式裹上白色糖粉出現。雪球有著相對簡單的配方，一般由麵粉、水、奶油和磨碎的堅果組成，堅果品種取決於餅乾類型。烘烤後，趁熱撒上糖粉。

檸檬雪球

清新的檸檬香氣，完美搭配的酸甜比例，是炎熱夏季最爽口的唯美滋味。

材料

無鹽發酵奶油……… 120g
純糖粉……………… 55g
鹽………………………… 1g
黃檸檬皮屑……… 2/3 顆
低筋麵粉…………… 150g
杏仁粉……………… 40g

裝飾：

純糖粉……………… 30g

麵團類

份量
約 46 顆

事前準備

* 奶油於室溫下放至軟化。
* 烘烤前烤箱以 160℃ 預熱。

作法

1 軟化的奶油以中速攪打至軟。

2 加入黃檸檬皮屑拌勻。

3 加入過篩後的純糖粉、鹽，繼續攪打至奶油糊顏色泛白。

4 攪打過程中記得刮缸。

5 篩入混合過後的粉類拌勻，杏仁粉若有部份粗顆粒，直接倒入材料拌合即可。

6 完成後的麵團因為沒有水分而呈現沙狀。

7 包覆保鮮膜後放入冰箱冷藏約30 ～60分鐘。

8 冷藏後的麵團以每份約10公克大小切割、滾圓後鋪放在烤盤上，送入烤箱以160℃烘烤約40分鐘。

Tips：中途視烤箱特性將烤盤轉向以幫助受熱上色。

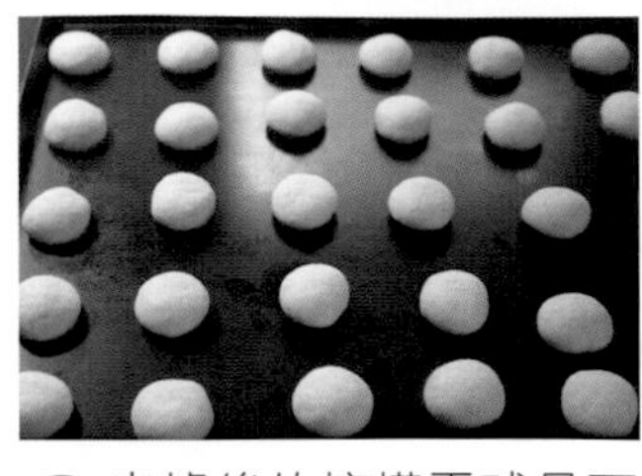

9 出爐後的檸檬雪球是不受陽光刺激、接近白皙的顏色。等餅乾略為降溫後裹上糖粉。

Tips：沾附糖粉時的雪球仍需要有些溫度，以免糖粉不易裹上。

9 塑膠袋中裝入糖粉、雪球，輕輕地讓雪球滾動，讓雪球能均勻地沾附糖粉。

Tips：仍有溫度的雪球裹上糖粉後會是乾爽的。

10 滾上純糖粉的雪球密封保存。

原味香草核桃雪球

添加杏仁粉讓口感更酥鬆，烘烤後的堅果香氣濃郁，經典原味不容錯過。

材料

無鹽發酵奶油 ·········· 160g
純糖粉 ·················· 65g
鹽 ·························· 1g
低筋麵粉 ··············· 200g
香草豆莢粉 ············ 適量
杏仁粉 ·················· 75g

核桃 ····················· 80g

裝飾：

純糖粉 ·················· 35g

麵團類

份量
約 50 顆

事前準備

* 奶油於室溫下放至軟化。
* 烘烤前烤箱以 160℃ 預熱。

作法

1 核桃以165℃已預熱烤箱烘烤約15分鐘後放涼切碎備用。

Tips：堅果經過烘烤後再加入麵團風味更佳。

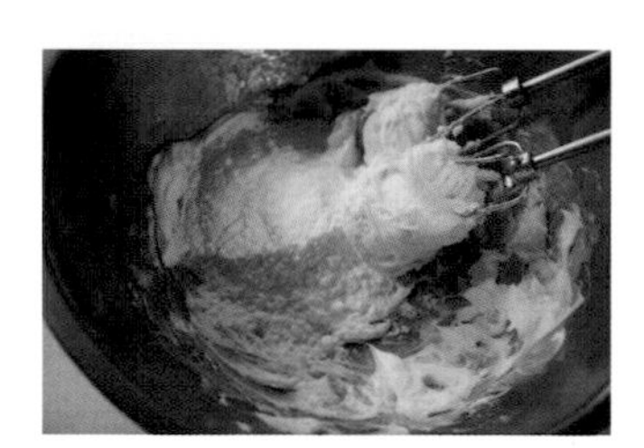

2 軟化的奶油以中速打軟。加入純糖粉、香草豆莢粉和鹽繼續攪打至奶油泛白。

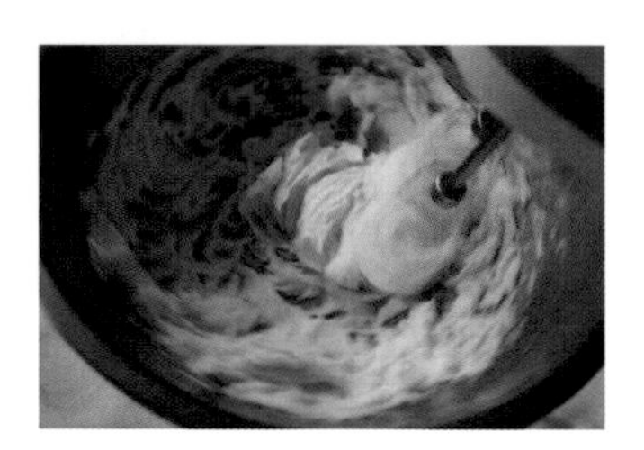

3 打發到奶油的顏色變白即可。

4 篩入低筋麵粉。

5 加入杏仁粉，若有部份粗顆粒直接倒入材料拌合即可。

Tips：雪球配方中使用杏仁粉，可製作出堅果奶香味十足且口感鬆化的餅乾。

6 核桃碎一起倒入。

7 利用橡皮刮板將材料拌合成團。麵團中幾乎沒有水分，沒有出筋的顧慮，整團後可以立即分割滾圓烘烤。

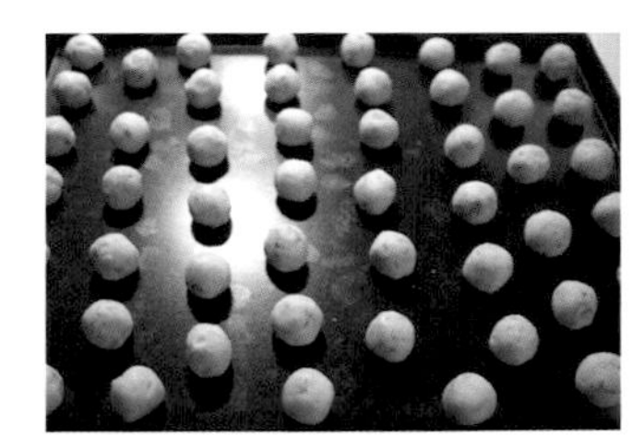

8 將麵團切割成每顆約10公克，搓圓後放在烤盤上，送入烤箱烘烤約40分鐘。

Tips：烤盤若非防沾請鋪上烘焙紙，中途視烤箱特性將烤盤轉向幫助受熱。

9 雪球出爐後，稍待片刻進行裝飾。

10 雪球靠攏擺放，趁還有熱度時，撒上純糖粉。

11 撒上糖粉後的雪球冷卻降至室溫再密封保存。

焦糖杏仁最中梅花米餅

西式焦糖杏仁填入日式甜食米餅中，口感更升級，宮廷甜點你也能自己製作。

材料

梅花形米殼	28 個
細砂糖	50g
楓糖漿	35g
蜂蜜	15g
鹽	1g
鮮奶	15g
無鹽發酵奶油	45g
杏仁片	100g

麵糊類

份量
約 28 個

事前準備

* 烘烤前烤箱以 170℃ 預熱。

作法

1 將細砂糖、鹽、奶油、鮮奶、楓糖漿和蜂蜜放入厚底單柄鍋中。

2 單柄鍋放在爐火上以中小火煮至120℃。

3 糖漿的量不多，溫度上升很快。一邊以小火，一邊搖晃鍋子讓溫度平均。

4 溫度到達120℃時，熄火並將溫度計移開，小心別燙傷。

5 倒入杏仁片，以耐熱橡皮刮刀拌勻。

6 工作台鋪上稍微大一點的烘焙紙，將焦糖杏仁倒出，以耐熱刮刀整成長方體，稍後切割才美麗。

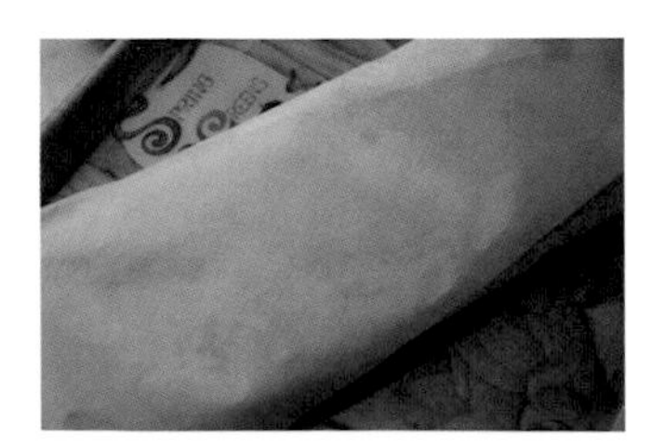

7 用烘焙紙包覆焦糖杏仁，放在托盤上送入冰箱冷藏1小時以便於切割。

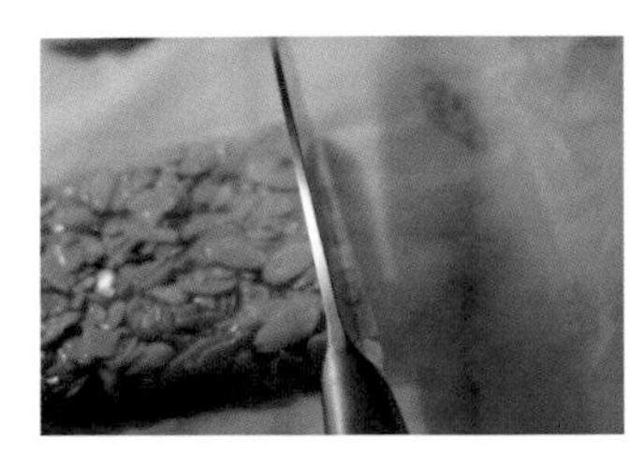

8 冰鎮後的焦糖杏仁以縱向切成約0.3公分厚度的片狀。

Tips：整形後的焦糖杏仁切片方式為縱向切橫向放，烘烤中溫度將焦糖烤化開後，撐出杏仁片的形狀才漂亮。

9 切割後的內餡每個約8公克，橫向放入米殼中，置於烤盤上，送入烤箱以165℃烘烤23～25分鐘，放涼後就能密封包裝。

Tips：中途視烤箱特性將烤盤轉向以幫助受熱。

芝麻最中米餅

糖拌芝麻內餡，搭配酥脆米餅外殼，不容錯過的養生甜點首選。

材料

麵糊類

最中米餅……………14 個
無鹽發酵奶油………30g
細砂糖………………40g
鹽……………………適量
蜂蜜…………………20g
麥芽糖………………20g
動物鮮奶油…………10g
熟黑芝麻……………30g
熟白芝麻……………25g
海苔粉………………5g

份量
約 14 個

事前準備

* 烘烤前烤箱以 165℃ 預熱。

作法

1 米餅較容易受潮，必須密封保存。如果感覺受潮回軟，可用165℃的預熱過的烤箱回烤約10分鐘即可恢復脆度。

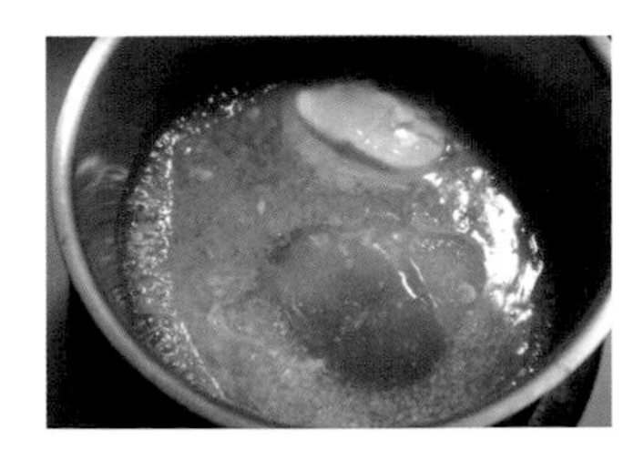

2 奶油、細砂糖、鹽、蜂蜜、麥芽糖、鮮奶油放入同1個厚底容器。

3 小火加熱至沸騰，期間利用耐熱橡皮刮刀攪拌均勻。

4 糖漿沸騰後熄火，將黑白芝麻、海苔粉加入容器中拌勻。

5 全部材料拌合即可，十分簡單。

6 每個米餅中裝入13～14公克的內餡。放上烤盤送入烤箱，以165℃烘烤18～22分鐘。

Tips：中途視烤箱特性將烤盤轉向以幫助受熱，米殼中的餡料不易填入過多以免烘烤時爆漿溢出米殼，影響成品美觀。

7 出爐囉！每個都內餡飽滿，芝麻味很香，吃起來很芝麻。

最愛杏仁餅

杏仁優雅而樸實的香氣，是團圓節慶裡最令人懷念的滋味。

材料

熟綠豆粉…………… 100g
杏仁粉……………… 20g
純糖粉……………… 45g
鹽…………………… 適量
豬油或無味固態椰子油40g
清水………………… 10g
熟杏仁粒…………… 20g

麵團類

份量
約 10 片

事前準備

* 固態油需要使用時，再從冰箱拿出來。
* 烘烤前烤箱以 150℃ 預熱。

作法

1 將熟綠豆粉過篩放入鋼盆中。

2 杏仁粉跟純糖粉、鹽也一起篩入。

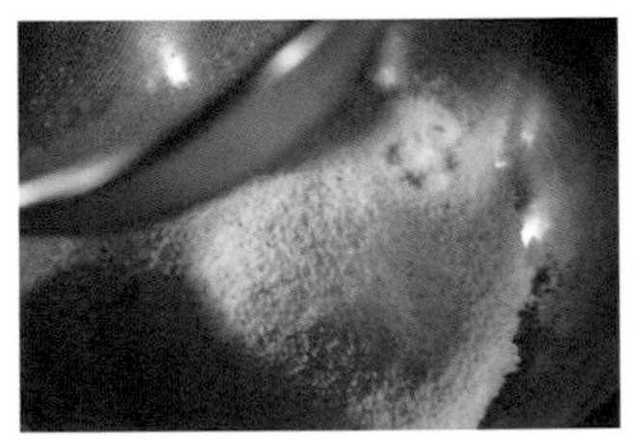

3 過篩後的粉質比較細、不結顆粒，才不會影響成品口感。

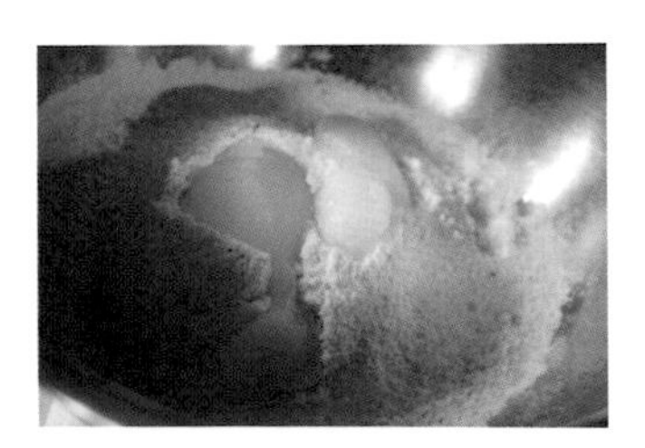

4 將豬油加入。

5 戴上乳膠手套將盆中的材料拌合，會呈現粗顆粒狀是正常現象。

6 加入清水攪拌均勻。

7 加入熟杏仁粒拌勻。

8 秤量月餅模型1次可填充的重量，每顆大約24 ～26公克。

Tips：杏仁餅一般是扁平狀的，餡料不必裝太厚。

9 慢慢地將餅乾材料裝入月餅模型中。

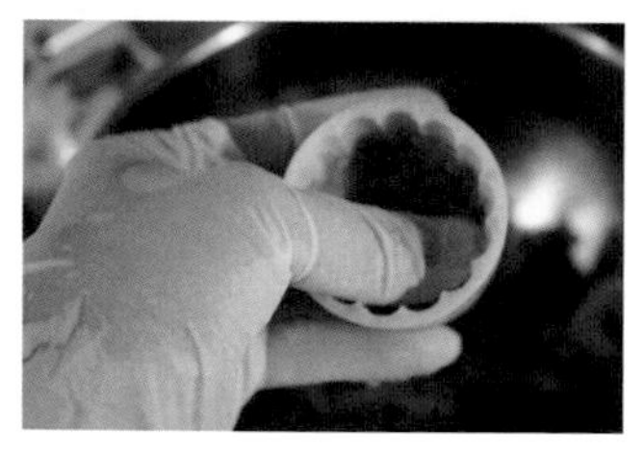

10 利用拇指將餅乾材料壓實。

11 將模型扣在鋪有烘焙紙的烤盤上，再次利用模型的壓桿壓實。

Tips：垂直施力比較均勻。

12 提起模型，花片可能會黏在餅乾餡料上，慢慢拿起即可。

13 將餅乾平均放好，送入烤箱以150℃烘烤約15分鐘後，烤盤轉向，降至120℃繼續烘烤約15分鐘。熄火燜約3 ～5分鐘後出爐。

15 利用小型抹刀輕輕將餅乾鏟起，放在層架上冷卻至室溫後密封保存。

餅乾小教室：杏仁餅是名聞遐邇的伴手禮，其中「熟綠豆粉」是主要靈魂之一。「熟綠豆粉」細緻及特殊香氣，混合杏仁粉和極少量水分製作出的杏仁餅入口酥化，口齒留香。

巧克力桔皮杏仁比斯烤提

用苦甜巧克力與桔皮的多層次口感，共譜義大利式下午茶時間。

材料

無鹽發酵奶油	50g
細砂糖	145g
鹽	2g
全蛋	120g
桔皮	40g
杏仁粒	75g
60% 苦甜巧克力	75g
無糖可可粉	40g
低筋麵粉	210g
無鋁泡打粉	3g
手粉（使用低筋麵粉）	少許

麵團類

份量
約 36 片

事前準備

* 杏仁粒經過 150℃ 的烤箱烘烤約 15 分鐘，冷卻後放入塑膠袋用擀麵棍敲碎。
* 烘烤前烤箱以 180℃ 預熱。
* 奶油於室溫下放至軟化。
* 雞蛋若已冷藏，需放置到與室溫相同後再操作。

作法

1 奶油打軟後，加入細砂糖和鹽繼續攪打均勻。

Tips：比斯烤提麵團的奶油糊不需打發。

2 分次加入全蛋蛋汁於盆中，攪打均勻。

3 放入桔皮後略為攪拌。

4 杏仁粒和苦甜巧克力接著加入，略微攪拌。

5 粉類混合後篩入盆中。

6 利用橡皮刮板拌合成團，過程中麵團如果太黏可沾些手粉方便操作。

7 將麵團整形，分成3等份，利用切蛋糕輔助鐵條架切割出整齊大小的麵團，鋪放在矽膠墊或烘焙紙上。

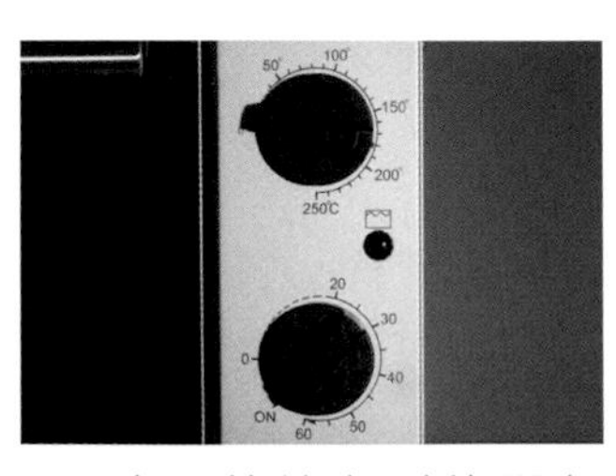

8 矽膠墊放在耐烤層架上，放入烤箱以180℃溫度烘烤約20分鐘。完成前段烘烤後，烤箱溫度調降至165℃。

9 前段烘烤完成後取出放涼約5～10分鐘，切成寬度約1公分的餅乾片。

Tips：因為高溫，苦甜巧克力會略為融化，小心燙手。

10 切片後的餅乾片再次送回烤箱，繼續烘烤約30～35分鐘。

Tips：比斯烤提切片後第二次烘烤主要是將麵團中的水分烤乾。可以利用手指指腹按壓餅乾中心位置，感到硬實表示完成。

11 完成後的餅乾可以，放涼後可密封收好。

Tips：在密封罐裏放上2週，不成問題。

餅乾小教室：比斯烤提來自義大利外來語 Biscotti，代表煮熟 2 次，是起源於托斯卡納普拉托市的義大利杏仁餅乾。這款餅乾的特色是經過 2 次烘烤，呈橢圓形，口感乾燥、硬脆，通常會搭配咖啡一起食用。

抹茶無花果胡桃比斯烤提

用營養滿分的無花果和健康取向的胡桃組合，搭配出經典不敗口味。

材料

無鹽發酵奶油	50g	無鋁泡打粉	3g
細砂糖	150g	胡桃	150g
鹽	2g	無花果	40g
全蛋	2 顆	手粉（使用低筋麵粉）	少許
低筋麵粉	235g		
抹茶粉	15g		

麵團類

份量
約 36 片

事前準備

* 胡桃經過 150℃ 的烤箱烘烤約 15 分鐘，冷卻後放入塑膠袋用擀麵棍敲碎。
* 烘烤前烤箱以 180℃ 預熱。
* 奶油在室溫下放至軟化。
* 雞蛋若已冷藏，需放置到與室溫相同後再操作。

作法

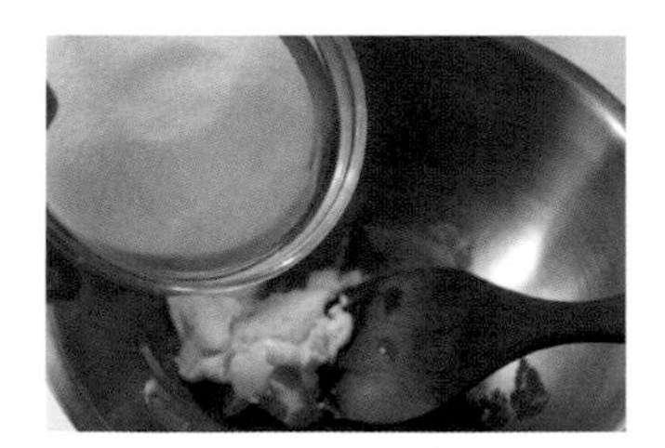

1 奶油以木匙拌軟後，加入細砂糖和鹽繼續攪拌均勻。

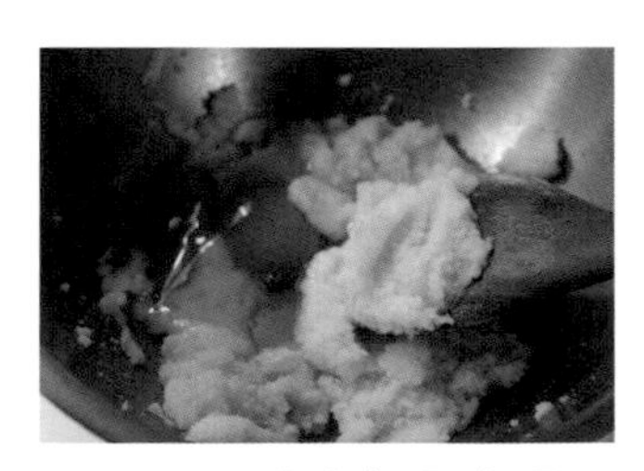

2-1 分次加入室溫下的全蛋於盆中，攪拌均勻。

2-2 每次加1顆蛋，確實攪拌均勻。

3 粉類混合後篩入盆中。

4 加入胡桃及無花果，用橡皮刮板沾上手粉拌合成團。

5 整形麵團，平均分成3等份，撒上手粉後鋪放在矽膠墊或烘焙紙上。

6 把麵團整成長方體後，送入烤箱以180℃溫度烘烤約20分鐘。完成前段烘烤後，烤箱溫度調降至165℃。

7 前段烘烤完成後取出放涼約5～10分鐘。

Tips：切片的厚度盡量一致。

8-1 切成寬度約1公分的餅乾片，再次送回烤箱，繼續烘烤約30～35分鐘。

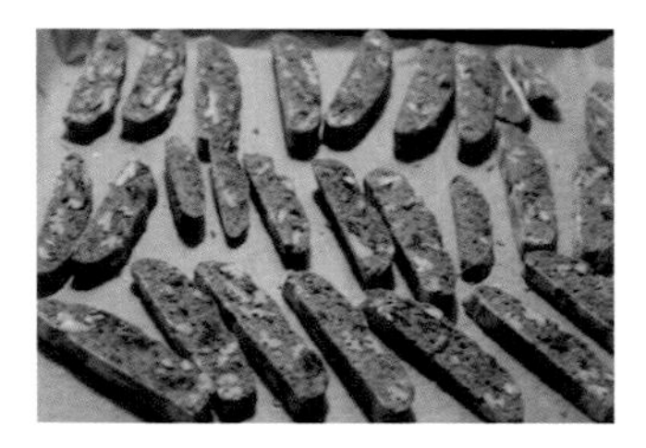

8-2 比斯烤提的特色就是將麵團中的水分烤乾。

9 餅乾出爐！完成後的餅乾冷卻後密封保存。

餅乾小教室：泡打粉的作用，簡單來說就是加入氣體讓麵團蓬鬆起來，像海綿一樣脹起，變得鬆軟。無鋁泡打粉是將以往泡打粉中添加「鋁」元素的成分去除，成為市場上多數使用的膨鬆劑。

親手裝飾，心意更加分

禮盒包裝小訣竅

餅乾作為伴手禮是時下非常流行的，以點心交朋友的方式

餅乾完成烘烤後，在室溫下即可裝入密封罐或以其他包裝方式保存。由於餅乾容易受潮，完善的包裝才能確保新鮮度。乾燥包先行放入任何一款包裝方式中，皆能達到更好的防潮效果。本書藉由幾種不同的包裝方式，作為小禮物分享給讀者。

透明玻璃瓶罐包裝

具有質感和份量，外觀貼上溫馨小貼紙更加討喜。 唯獨瓶罐容易打破，需小心放置。

直角餅乾袋

特別適合切片餅乾放入，簡單整齊顯而易見。透過封口機將袋口封緊，更能達到密封效果。

一字盒

一體成形小包裝盒裝入約10片餅乾，任何時候給親友一個問候，都是最貼心的小禮物。

透明PS硬塑膠餅乾盒及提袋盒

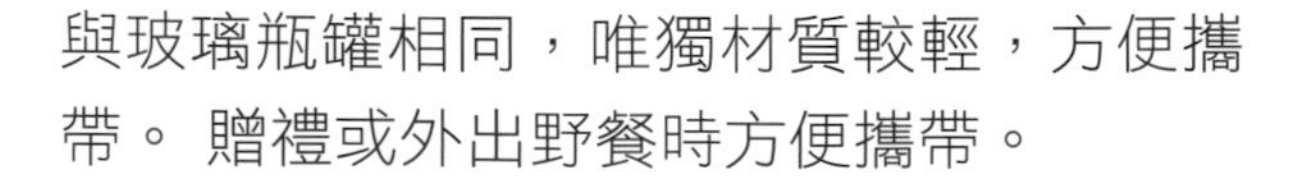

與玻璃瓶罐相同，唯獨材質較輕，方便攜帶。 贈禮或外出野餐時方便攜帶。

OPP餅乾麵包包裝袋

輕巧且方便裝入。

緞帶牛皮紙袋

簡約時尚牛皮紙袋可裝入OPP餅乾袋，特別的日子貼上不同小貼圖，作為驚喜餅乾小禮物。

壓克力包裝罐

壓扣式包裝罐密封效果佳，是自用或送禮都很方便的包裝選項。

圓形鐵盒

時下很流行的禮盒包裝，讓餅乾的附加價值提升。餅乾裝盒後以封口無痕膠帶密封。

方形鐵盒

正方形鐵盒的禮盒包裝有分成4格、9格及16格的樣式，可以將完成的餅乾作品裝盒並以封口無痕膠帶密封。

親愛的讀者：

感謝您購買《餅乾小禮盒：10類經典餅乾×57種甜蜜滋味×禮盒包裝示範》一書，為感謝您對本書的支持與愛護，只要填妥本回函，並寄回本社，即可成為三友圖書會員，將定期提供新書資訊及各種優惠給您。

姓名 ________________ 出生年月日 ________________

電話 ________________ E-mail ________________

通訊地址 ________________

臉書帳號 ________________

部落格名稱 ________________

1 年齡

□18歲以下　□19歲～25歲　□26歲～35歲　□36歲～45歲　□46歲～55歲
□56歲～65歲　□66歲～75歲　□76歲～85歲　□86歲以上

2 職業

□軍公教　□工　□商　□自由業　□服務業　□農林漁牧業　□家管　□學生
□其他 ________________

3 您從何處購得本書？

□博客來　□金石堂網書　□讀冊　□誠品網書　□其他 ________________
□實體書店 ________________

4 您從何處得知本書？

□博客來　□金石堂網書　□讀冊　□誠品網書　□其他 ________________
□實體書店 ________________　□FB（四塊玉文創／橘子文化／食為天文創 三友圖書——微胖男女編輯社）
□好好刊（雙月刊）　□朋友推薦　□廣播媒體

5 您購買本書的因素有哪些？（可複選）

□作者　□內容　□圖片　□版面編排　□其他 ________________

6 您覺得本書的封面設計如何？

□非常滿意　□滿意　□普通　□很差　□其他 ________________

7 非常感謝您購買此書，您還對哪些主題有興趣？（可複選）

□中西食譜　□點心烘焙　□飲品類　□旅遊　□養生保健　□瘦身美妝　□手作　□寵物
□商業理財　□心靈療癒　□小說　□其他 ________________

8 您每個月的購書預算為多少金額？

□1,000元以下　□1,001～2,000元　□2,001～3,000元　□3,001～4,000元
□4,001～5,000元　□5,001元以上

9 若出版的書籍搭配贈品活動，您比較喜歡哪一類型的贈品？（可選2種）

□食品調味類　□鍋具類　□家電用品類　□書籍類　□生活用品類　□DIY手作類
□交通票券類　□展演活動票券類　□其他 ________________

10 您認為本書尚需改進之處？以及對我們的意見？

____

感謝您的填寫，
您寶貴的建議是我們進步的動力！

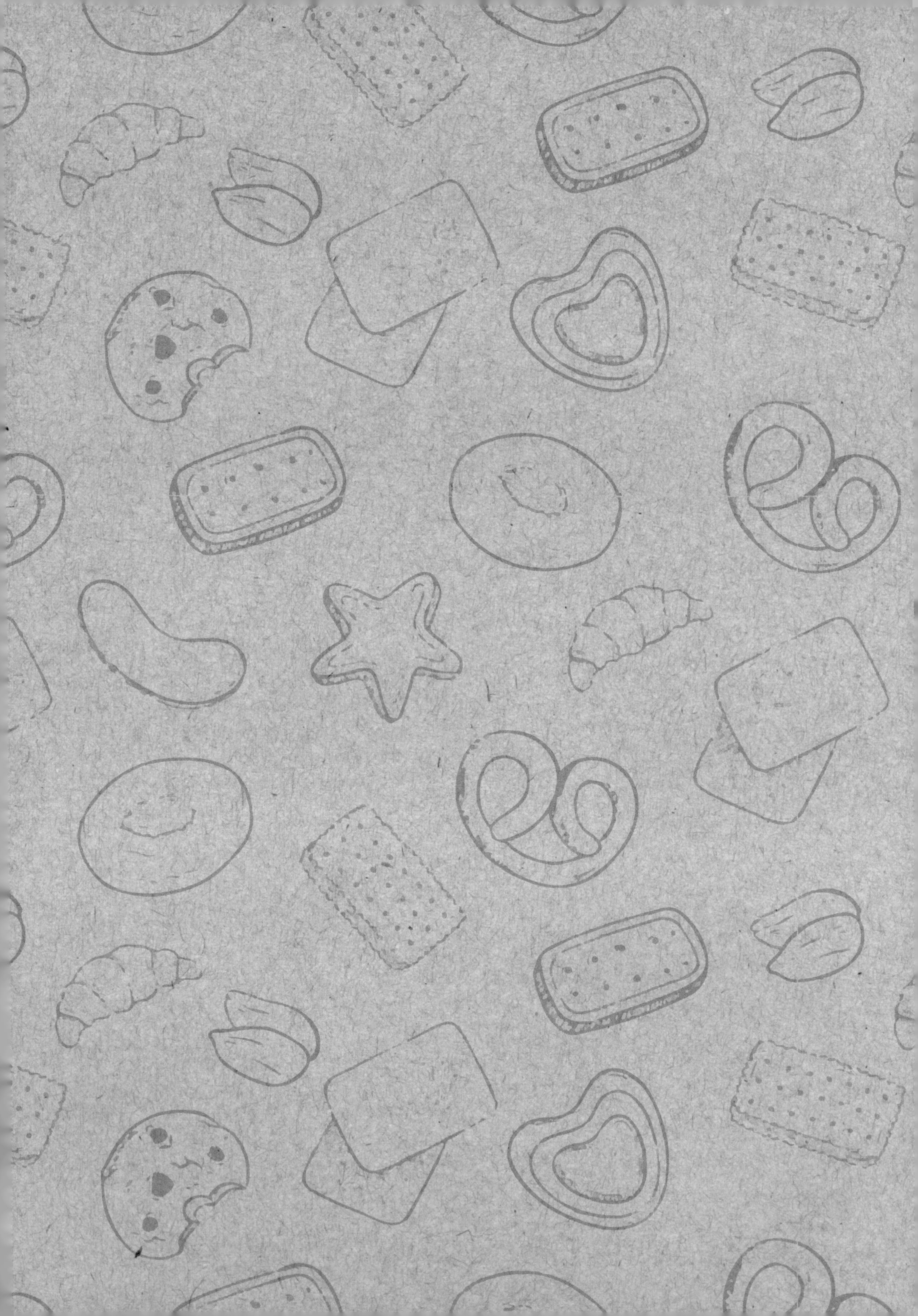

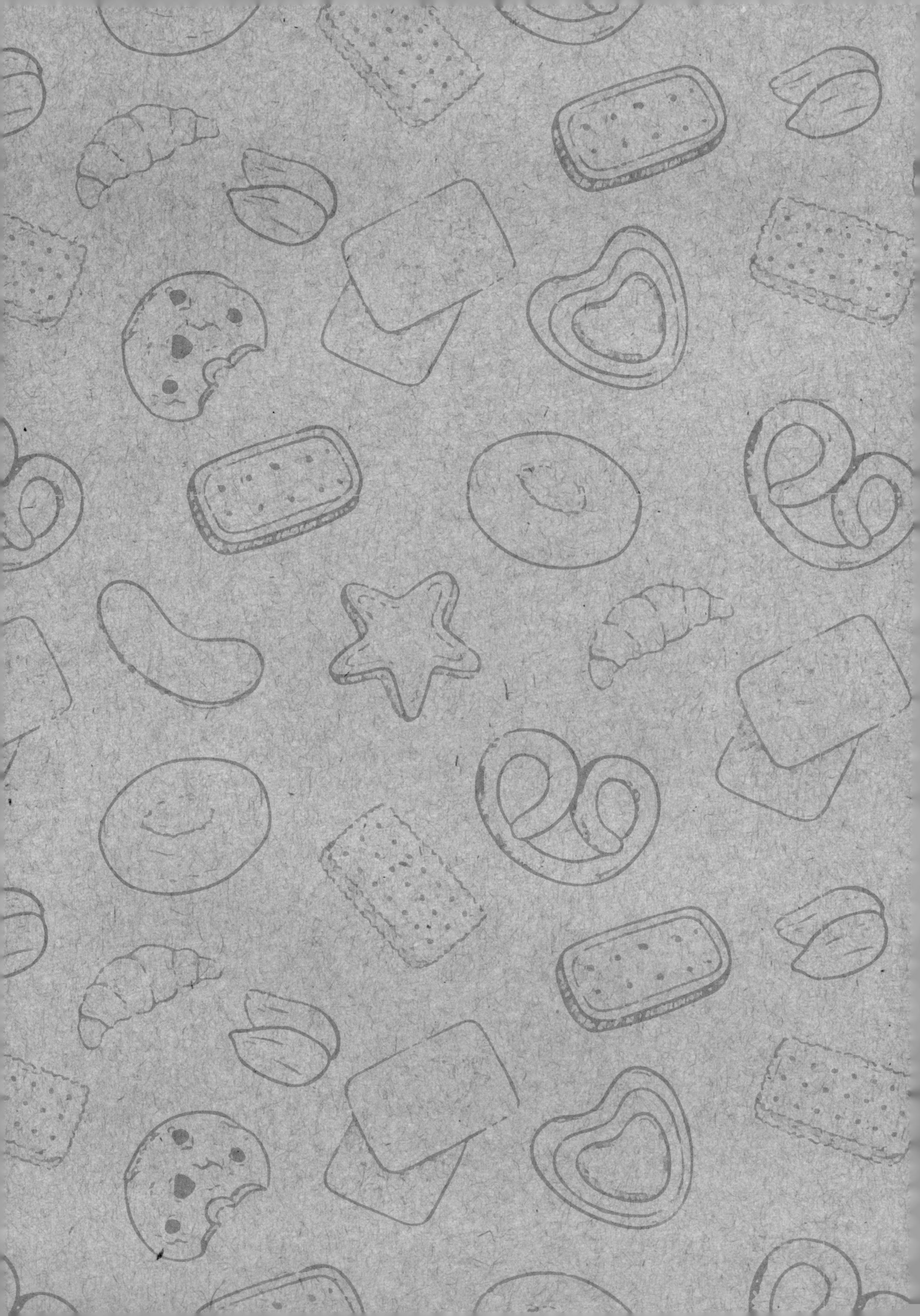